本书由国家重点研发计划(项目编号:2024YFE0199400)以及长江勘测规划设计研究有限责任公司自主创新项目(项目编号:CX2022Z10-2)资助

光储直柔系统解析及资源优化配置研究

刘　畅　郭　靖　著

华中科技大学出版社

中国·武汉

内 容 简 介

本书主要内容包括光储直柔(PEDF)系统的构建与优化运行研究、光储直柔系统在节能减排和绿色低碳发展方面的新技术与新理念。本书在探讨光储直柔系统的基础上,进一步深入分析光储直柔系统的优化模型与算法,提出协同运行方法和能源交易策略,验证模型性能提升效果。本书主要适用于建筑行业专业人士新能源微电网从业者以及对绿色低碳建筑技术感兴趣的学者和同仁。

图书在版编目(CIP)数据

光储直柔系统解析及资源优化配置研究 / 刘畅,郭靖著. — 武汉 : 华中科技大学出版社,2024. 12. — ISBN 978-7-5772-1447-4

Ⅰ. TU271.1

中国国家版本馆 CIP 数据核字第 2024X6J992 号

光储直柔系统解析及资源优化配置研究
Guang-Chu-Zhi-Rou Xitong Jiexi ji Ziyuan Youhua Peizhi Yanjiu

刘　畅　郭　靖　著

策划编辑：胡天金

责任编辑：陈　骏

封面设计：旗语书装

责任校对：何家乐

责任监印：朱　玢

出版发行：华中科技大学出版社(中国·武汉)　　电话：(027)81321913
　　　　　武汉市东湖新技术开发区华工科技园　　邮编：430223

录　　排：华中科技大学惠友文印中心

印　　刷：武汉市洪林印务有限公司

开　　本：710mm×1000mm　1/16

印　　张：12.5

字　　数：236 千字

版　　次：2024 年 12 月第 1 版第 1 次印刷

定　　价：78.00 元

编　委　会

前　　言

光储直柔（photovoltaics, energy storage, direct current and flexibility, PEDF）系统是建筑领域实现"双碳"目标的重要措施之一。而建立微电网则是消纳新能源、解决光伏发电间歇性问题的有效工具。

本书内容介绍如下。

第一部分（第1章至第4章）对光储直柔系统及其在节能减排、绿色低碳发展方面的新技术与新理念进行了综合探讨和科普。本部分首先对光储直柔系统进行了综合概述，包括光储直柔系统的构建及微电网的分类、运行控制、供电可靠性和电能质量、经济运营与安全机制等。接着探讨了微电网技术作为智能配电网的重要组成部分对促进节能减排和能源的可持续发展的作用。本部分还讨论了被动式建筑与主动式建筑的概念，其中被动式建筑侧重于通过优化设计和材料使用减少对传统能源的依赖；而主动式建筑则通过集成先进科技和智能系统，主动响应环境变化，优化能源使用并提升居住舒适度。同时展示了被动式建筑、主动式建筑理念和光储直柔系统在实际应用中的成效，为建筑行业向绿色低碳转型提供了有效的信息指导。

然而，目前将建筑特性与微电网优化运行相结合的优化研究还不充分，建筑的能源利用效率低、建设成本高等问题导致光储直柔系统难以进一步推广与发展，因此有必要引入新的模型与算法，从新的视角对光储直柔系统的优化问题进行研究和探讨。

第二部分（第5章至第10章）围绕光储直柔系统的优化运行开展了深入研究。本部分探究了以综合效益最大化为目标的光储直柔系统电能优化与容量配置方法。在此基础上，进一步研究光储直柔系统由独立的单体建筑转换为集成共享用能、产能、蓄能多功能体的协同运行方法。一方面，本书从多主体共享的角度，以兼顾供给侧与共享侧的效益最大化为目标，构建PEDF建筑群（mPEDF）系统的共享成本分摊模型和收益分配策略。另一方面，本书从多种类共享的角度，提出兼顾共享电动汽车充电服务的PEDF（sPEDF）系统优化运行策略。本书为光储直柔系统在单体建筑及其在多元共享下的协同优化提供科学依据，并且以几项相关工程进行了技术分析与总结，为工程实践中的光储直柔系统规划与设计提供重要理论参考。

本书第二部分完成了以下研究工作。

（1）搭建了光储直柔系统数学模型，为优化运行策略提供分析研究基础。通过解析光储直柔系统的柔性调控机制，建立光储直柔系统优化运行模型、低压直流运行模型，本书提出 mPEDF 系统、sPEDF 系统的优化模型与方法，通过对比分析验证了优化模型的性能提升效果。

（2）提出了光储直柔系统的资源优化调度与配置方法，提高了其新能源利用效率与系统增量效益，减少了增量成本。本书探讨了在多日照、季节属性场景下的光储直柔系统智慧用能策略，实现了降低整体建筑能耗、达到节能减排效果、提升建筑室内舒适度的目标。

（3）提出了基于数据包络分析方法的建筑微电网点对点能源交易方法，减少了每个用户所产生的费用。本书通过在 mPEDF 系统中实现能源共享与互补，进一步吸引更多的用户参与点对点能源交易，形成绿色减碳的良性循环。

（4）构建了兼顾供给侧与共享侧效益最优的 sPEDF 系统规划选址方法与建筑微电网协同优化运行方案，提高了 sPEDF 系统的能源利用效率，促进了可再生能源的就地消纳。该方法可利用建筑富余的电能为其他电动汽车用户提供共享充电服务，实现供给侧与共享侧的共赢。

（5）已实施的工程应用及展望。基于本书研究内容，目前相关单位已进行了光储直柔智慧展馆的概念设计方案以及某市充电基础设施规划选址方案的设计，并对未来可重点发展的滨水建筑光储直柔系统进行了展望。

本书第三部分（第 11 章）总结了本书的研究成果和创新点，并对未来的研究方向进行了展望。

目　　录

第 1 章 光储直柔系统概述

1.1 光储直柔系统的研究背景及意义

力争 2030 年前实现"碳达峰"、2060 年前实现"碳中和",是以习近平同志为核心的党中央作出的重大战略决策,是我国实现可持续、高质量发展的内在要求,更是构建人类命运共同体的必然路径。建筑行业作为城市能耗三大重点领域之一,应当围绕"双碳"战略肩负起节能降碳重任,这也是如期完成绿色能源革命的重中之重。

建筑运行过程中产生的碳排放约占全国总碳排放量的 20%,而减碳的关键在于以生产生活全面电气化替代非可再生化石燃料的大量使用。中国工程院院士、清华大学建筑节能研究中心主任江亿认为在"双碳"目标之下,建筑也应由单纯的能源消费者,转为支持大规模清洁能源接入的贡献者,集用能、产能、蓄能于一体,提出了"光储直柔"的概念。自江院士提出"光储直柔"概念以来,在社会各界的支持下,光储直柔以超出想象的速度迅速发展,已经成为建筑领域面向碳中和重大需求实现技术创新突破的重要途径,受到广泛关注并得到国家、各部委等多个层面的政策支持。2021 年 10 月,《国务院关于印发 2030 年前碳达峰行动方案的通知》(国发〔2021〕23 号)中明确指出,在城乡建设碳达峰领域应加快优化建筑用能结构,提高建筑终端电气化水平,建设集光伏发电、储能、直流配电、柔性用电于一体的光储直柔系统。2022 年 3 月,住建部发布《"十四五"住房和城乡建设科技发展规划》,明确表明需开展高效智能光伏建筑一体化利用、光储直柔新型建筑电力系统建设[1-6]。

光储直柔系统技术原理如图 1.1-1 所示。"光"指建筑区域内应用分布式光伏,如建设光伏建筑一体化(building integrated photovoltaic,以下简称 BIPV)或在现有建筑上安装光伏发电系统(building attached photovoltaic,以下简称 BAPV),为建筑提供自身电能来源;"储"指建筑中装配分布式储能系统,将发电高峰期未能及时应用的余电存储在储能系统中,并在发电低谷期为建筑供能;"直"指建筑配电网的形式发生改变,从传统的交流配电网改为采用形式简单、易于控制、传输效率更高的直流供电系统;"柔"则是指建筑用电设备应具备可中断、可调节的能力,使建筑用电需求从刚性转变为柔性,并且与电网进行电力交互(需求侧响应),根据当前的电力价格进行交易。因此可以认为,"光""储""直"是为了实现建筑"柔"性用能的应用形式与方法。

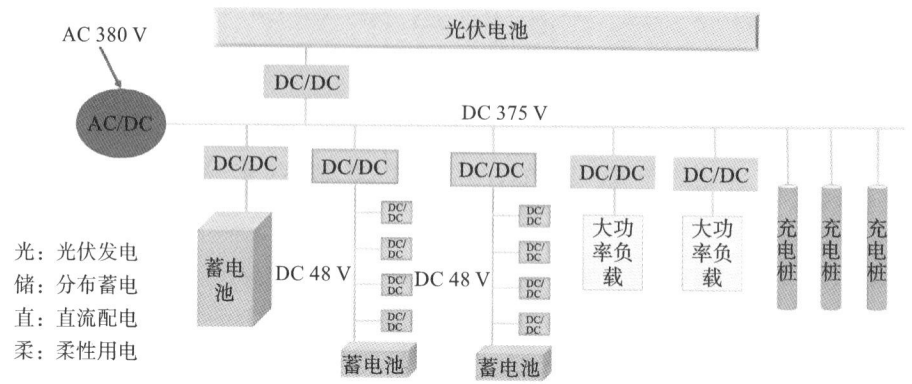

图 1.1-1　光储直柔系统技术原理图

光储直柔系统的研究意义主要体现在以下几个方面。

(1)建筑可再生能源的利用与转型。

在建筑领域,碳排放主要来源于两个关键环节:一是建筑物在运行过程中产生的碳排放;二是建筑材料生产过程中的碳排放[1]。据估计,建筑物运行期间的碳排放约占全国总碳排放量的 20%,而建材生产过程则贡献了 15% 至 17% 的碳排放量。为了降低建筑运行过程中的碳排放,我们可以推广电气化烹饪和生活热水加热,这不仅能够提升能源使用效率,还能有效降低能源成本。

在建筑材料生产方面,应采取减少大规模拆除和重建建筑结构的措施,通过优化现有建筑结构和规模,采用修缮和升级的方式替代传统的拆除新建模式。同时,还应致力于创新建筑材料生产工艺,以减少建筑材料生产过程中的碳排放。

利用卫星图像和人工智能技术进行分析,我们发现在屋顶安装光伏发电系统是安装太阳能发电设施的有效途径。据初步估计,我国屋顶光伏发电系统的光伏发电容量一半以上可能来自农村屋顶。随着光伏发电技术的进步,光伏发电将能够满足未来规划的太阳能发电需求的一半以上。在城镇,屋顶光伏发电可提供建筑物运行所需的 25% 至 35% 的电力;而在农村,屋顶光伏发电不仅能满足居民的生活用电需求,还能支持农业生产和交通用电,有助于构建以屋顶光伏发电为核心的新型农村能源体系。

(2)提高能源效率。

光储直柔系统通过建筑内部的直流配电网,直接连接光伏发电、储能设备和用电负载,减少了能量转换过程中的损耗,提高了能源利用效率。

通过储能系统,光储直柔系统可以改善太阳能光伏发电的间歇性和不稳定性,存储光伏能源在生产高峰时产生的电能,并在需要时使用,减少因供需不匹配而造成的能源浪费,优化电力资源的时空配置。另一方面,储能系统可以作为紧急备用电源,在电网发生故障或不可预测的高负载情况下快速响应,保障对关键负荷的连续供电。

直流配电网相比传统的交流配电网具有一系列优势,其与直流电源如光伏、风力发电等分布式发电(DG)系统的兼容性更好,可以直接接入,无须经过复杂的 AC/DC 和 DC/AC 转换过程,从而能够降低相应的能量损耗。目前,许多现代家用电器和设备,如变频空调、节能冰箱、电脑、LED 灯等,内部均使用直流电。直流配电网可以直接为这些设备供电,避免了 AC/DC 转换过程中的能量损耗,提高了能源转化效率。

柔性用电管理系统可以根据电网需求和电价信号动态调整建筑的用电负荷,实现需求侧管理,提升电网的运行效率和可靠性,进一步提高能源利用效率。

(3)实现电网互动与电力平衡。

光储直柔系统能够通过柔性用电技术实现建筑电力负荷的灵活调节,促进电网从"源随荷动"向"源荷互动"转变,提高电力系统运行效率及安全稳定水平。建筑用电方式转变为"供给导向-需求响应"的模式,根据光伏发电状况灵活调整用电时间和功率,实现"荷随源变"。另外,通过需求侧管理,建筑可以响应电网的需求信号,通过增减用电量来辅助电网调节,提高电网的运行效率和安全稳定水平。

随着"虚拟电厂"概念的推广,建筑群中的光储直柔系统可以聚合成一个虚拟电厂,参与电力市场的运营,提供调频、备用等辅助服务,增强电网的灵活性。

(4)市场与经济潜力。

光储直柔系统在家庭光伏发电、工业生产、新能源汽车、农村扶贫以及建筑储能系统等领域具有广泛的应用前景,为相关行业提供了新的商业模式和市场机会。根据恒州博智(QYR)的统计及预测,全球光储直柔系统市场销售额在 2022 年达到 1768.1 亿美元,预计到 2029 年将达到 5363 亿美元,表现出 16.1% 的年复合增长率[2]。

随着光伏、储能和充电桩等技术的进步,预计其成本将进一步下降,使得光储直柔系统更具经济性。同时,上述技术还将带动上游原料供应商和下游应用市场的产业链发展,形成良好的产业生态。光储直柔系统市场的扩大也将创造就业机会,并促进新技术和新业务模式的开发,为经济增长提供新动力。

1.2　光储直柔系统的研究现状

1.2.1　分布式光伏

根据清华大学建筑节能研究中心和自然资源部的联合研究,城镇区域存在大量未被利用的屋顶空间,这些空间具备安装太阳能光伏发电系统的潜力。研究显示,我国城镇未利用屋顶的总装机容量预计可达到 8.3 亿千瓦·时,城乡年发电量有望达到 4.2 万亿千瓦·时,这一数字超过了我国未来光伏发电规划总量的 70%;光伏组件的能效正在显著提升,晶体硅光伏组件的转换效率已经突破了 23% 的门槛,并且成本降低至每千瓦不足 2 元人民币,显示出其经济性[3-5]。同时,一些新兴的光伏技术,如基于碲化镉和铜铟镓硒等材料的光伏技术,正在国内外迅速发展。光伏组件技术的进步预示着光伏发电的转换效率和经济性在未来有望实现进一步的提升。

对于建筑分布式源-荷的研究,国内外已有许多学者使用智能算法来分析其数据特性,包括光伏发电输出功率、建筑用电负荷和电动汽车负荷等数据。这些技术可用于识别和分析发用电模式,建立用能模型并进行预测,挖掘用户用能模式,了解用户用电习惯与需求,分析影响源-荷变化的因素。目前主要包括神经网络(ANN)、支持向量机、朴素贝叶斯、模糊逻辑等机器学习算法。如文献[6]考虑光伏发电量序列、日类型等参数研究了基于优化的 BP 神经网络的光伏发电功率预测方法,并通过对比实测数据和预测数据的误差验证了模型的预测精度,实现了短期和中期的功率预测。文献[7]采用 WOA 算法和聚类算法优化 BP 神经网络并进行短期负荷预测,使用聚类算法将历史数据分类,然后使用 WOA 算法对每个类参数进行优化,以提高神经网络的预测性能,研究结果表明该方法能够提高负荷预测的准确性和稳定性。但传统神经网络易出现陷入局部最小值等问题,而深度学习由于其具备免人工定义等特性而成为预测领域中重要的研究方向。

典型深度学习方法有卷积神经网络(CNN)、循环神经网络(RNN)等。如文献[8-12]皆基于一种特殊的 RNN 模型即长短期记忆(long short-term memory,以下简称 LSTM)模型进行改进,所提出的 LSTM 混合模型在长序列中有更好表现,解决了长序列训练过程中的梯度消失和梯度爆炸问题。但 RNN 模型依旧属于序列模型,需要以排队序列化方式处理信息,注意力权重需要等待序列全部输入模型之后才能确定,难以实现并行处理功能,会造成大量时间开销。因此文献[13-14]提出了一种改进的 Transformer 模型，主要基于 Attention 机制来加速深度学习算法，进行并行化计算，但其也会受到高二次时间复杂度、高内存占用率以及 Encoder-Decoder 固有体系的限制。针对以上问题，文献[15]提出了一种包括新的多时间尺度关注模块、概率位置编码方案等技术的 Informer 模型。此外，文献[16]表明在无数据驱动时可对系统进行精细化建模（白箱建模），通过建立基于气象因素影响的模型进行光伏发电输出功率预测。以上所述源-荷预测方法的建模机理和出发点各不相同，不过可以看出单一模型皆有其各自的局限性和误差，因此需要使用组合预测方法来尽可能提高预测的准确性，为容量配置优化及柔性调度提供精确的数据支持。

1.2.2　建筑储能系统

建筑储能系统通过特定的设备和方法将能量暂时存储，并在需要时释放使用。建筑储能系统不仅能够提升能源的使用效率，还能降低建筑的能源开支，并且有助于电网的稳定运行和增强能源供应的安全性。在电力供应紧张的高峰时段，建筑储能系统能够为建筑提供必要的电力支持；而在电力需求低谷时段，系统则能够存储过剩的能源，以备不时之需，实现能源的高效管理和使用。

此外，在电力调节过程中，建筑储能系统能够辅助建筑用户避免在电价高峰时段从电网购入电能，进一步降低能源消耗成本。同时，通过分散电力负荷集中的时段，建筑储能系统有助于减轻电网的整体负担，提升电网的稳定性，进而增强整个能源系统的安全性。

建筑储能系统的形式主要包括电化学储能、机械储能、电磁储能等，其中电化学储能在建筑中广泛应用，如 EPS、UPS 等[17]。电化学储能本质上是一种将电能转化为化学能进行储存，需要时再将化学能转化为电能供应给建筑用电系统的技术。目前，建筑内电化学储能的研究重点在于如何提高储能系统效率（转换效率、充放电效率）、提高安全性、延长材料使用寿命及实现高效集成控制等。国内外研究人员重点关注锂离子电池、钠离子电池和氢燃料电池等储能材料，以及电池组、电解槽、电解液和电极等储能设备，其中磷酸铁锂电池和锰酸锂电池因各方面性能较好备受关注[18]。此外，蓄电池的控制和优化技术是实现高效利用建筑储能系统的关键，目前研究者一般通过建立建筑能量管理系统、数据采集系统等方法提高建筑储能系统的利用效率，减少对传统电网的依赖。虽然建筑储能系统仍处于起步阶段，但随着技术的不断发展，其有望成为能源储存和管理的重要手段。

1.2.3 虚拟储能

虚拟储能是指运用一系列灵活的技术手段来管理电力系统以及优化电能的使用,实现能源的高效管理。虚拟储能通过调整和平衡系统中的储能设备,可增强电力系统的稳定性和可靠性[19]。在光储直柔系统的背景下,需求侧调度可通过将具有储能能力的电动汽车和可调节的电力负载纳入虚拟储能系统来实现。因此,将虚拟储能与传统的调度单元相结合以形成综合调度方案,可显著提升电力系统的调度效率。虚拟储能的种类与负荷等级如表1.2-1所示。

表1.2-1　虚拟储能

类　　别	等　　级	设　　备
可中断负荷	负荷重要等级为三级,可以根据需求随时停止供电	电梯,以及加湿器、净化器、投影仪、风扇及一些不重要的电子设备等
可迁移负荷	负荷重要等级为二级,可以根据用户需求灵活调整设备运行时间	空调系统、水泵系统、通风系统等
可比例调节负荷	负荷重要等级为一级,设备一般不可停止运行,可根据需求按一定比例提升或降低运行功率	空调系统、照明系统、水泵系统、通风系统等
电动汽车充电负荷	负荷重要等级为特级,除可比例调节外,还需要保证调度前后的总用电量一致	电动汽车

电动汽车是虚拟储能系统中比较重要的负荷,近年国内外研究主要以改善系统特性、提高可再生能源消纳水平及降低用户充电成本为目标,控制或者引导电动汽车的充电行为,减少无序充电对电网造成的波动。如文献[20]对电动汽车作为虚拟储能系统的可用储能设备进行建模分析,提出了一种基于改进的粒子滤波算法的车辆充电状态估计方法,计算出电动汽车的可调度容量。文献[21-24]以需求响应模型获取电动汽车的充电和放电信息并将其与电力系统的负荷需求进行协调,仿真结果证明该模型可以有效改善系统特性。文献[25-27]以提高可再生能源消纳水平为目标,以梯度下降等算法求解基于电动汽车的区域综合能源系统调度模型,实现对虚拟储能系统输出的控制。文献[28-30]进一步考虑电动汽车的充电和放电需求、虚拟电价等因素,建立了一个

基于最优化方法的电力系统日前市场交易模型和一个基于多目标优化方法的交互式建筑-车辆能源共享网络优化模型,仿真结果表明这两个模型可以较好实现能源的共享与分配。

1.2.4　直流配电网

西方发达国家对直流配电网研究较早。美国博世、NextEnergy 等高新技术企业完成了多个直流试验台示范项目和直流建筑改造工程。德国联邦经济和能源部于 2009 年启动了"DC-INDUSTRIE"项目,旨在利用直流系统实现工业生产能源转型。德国 Fraunhofer 研究所建造了 380 V 直流办公楼测试平台,同时开展"Direct Current Residential"大型项目研究,以推广住宅用直流电网。荷兰能源研究中心提出建筑直流供电技术实施策略,Direct Current BV 公司率先推出商业化方案。日本集中推广"直流家庭"概念,在福冈和北海道等地建设了多个住宅/办公楼直流微电网示范项目。

我国对直流配电网的研究起步较晚,近年来呈增速发展态势,研究主要集中在拓扑控制、负载模型构建、电能质量和稳定性分析、能量管理优化等方面。随着"光储直柔"概念的提出,我国正大力推进相关项目的实施,目前已建成多个低压直流配电系统建筑示范项目。其中,全球首个光储直柔建筑——深汕特别合作区中建绿色产业园办公楼已运行 3 年多,年节约用电超 10 万千瓦·时,相当于节约标准煤约 33.34 t,减少碳排放超 47%。

1.2.5　柔性调度策略

储能容量大小与虚拟储能调度能力强弱会影响 PEDF 系统的调度结果。同时,源-荷曲线的不同也会对储能配置容量、虚拟储能调度能力造成影响,两者之间相互影响,因此应先充分考虑虚拟储能可以发挥的作用,利用源-荷曲线确定储能容量,进而再进行系统柔性调度策略的研究。如文献[31-32]主要研究了涉及负荷可控性的微电网储能容量优化配置方法,该方法着重分析负荷的可控性,量化了可控负荷的响应能力,并将其作为储能系统的能量调节依据,对微电网储能容量进行优化配置,提高储能系统的利用效率和系统的可靠性。

目前,部分国内外学者对系统柔性调度策略进行了深入研究,主要方法包括混合整数线性规划方法和遍历算法。如文献[33]主要研究了含有柔性负荷的主动配电网的优化问题,以最小化电网的发电成本、输电成本和负荷成本为目标,充分考虑了多种约束条件如电压、线路容量,以及柔性负荷的调整能力的限制,最后基于分段线性化方法和基于区间分析的方法进行仿真实验,结果证明了该模型求解方法的有效性。文献[34]提出了一种主动配电网中柔性负荷的混合系统建模与控制方法,将柔性负荷和储能系统相结合,形成一种混合系统,通过对该系统进行建模和控制,实现对配电网的主动调节和优化。文献[35]着重考虑了柔性负荷对系统的影响,进而建立了电热联合系统的数学模型,并提出了一种基于线性规划的求解方法,仿真结果表明采用该优化调度方法可以显著降低电热联合系统的能耗及污染排放,同时保证了系统的运行效率和稳定性。文献[36]提出了一种基于多目标综合优化调度的方法,用于针对能源枢纽中存在的柔性负荷问题进行优化。该方法采用混合整数线性规划技术求解能源枢纽的数学模型,其中考虑了多个目标因素,包括经济性、环境友好性以及柔性响应能力等,研究结果表明该方法能够协调优化能源枢纽的多个目标,包括最小化能源系统的总成本、最大化可再生能源的利用率、提高能源系统的柔性响应能力等。

1.3　当前光储直柔系统的局限性

当前光储直柔系统的发展虽然具有巨大的潜力和良好的应用前景,但也存在一些局限性和挑战。

(1) 缺乏统一的技术标准。

光储直柔系统目前缺乏完整的技术标准和规范,这对于该系统的推广和应用造成了一定障碍。截至作者发布本书稿前,现行的光储直柔的相关标准仅有中国建筑节能协会团体标准《建筑光储直柔系统评价标准》《民用建筑直流配电设计标准》《建筑光储直柔系统变换器通用技术条件》、上海市地方标准《上海市建筑光储直柔系统技术导则》,以上标准发布的时间大多在 2023 年以后,并且在现行条件下,暂无强制性的国家标准。

(2) 初期建设成本较高。

光储直柔系统相对于传统建筑能源系统来说还比较新,技术仍然在发展中,虽然投资回报率较为可观,但光伏组件、储能系统(如电池)、直流配电设备以及柔性控制系统等关键组件的费用相对较高,因此光储直柔系统初期的推广和生产成本较高。对于用户来说,光储直柔系统的设备的投资(尤其是储能电池的成本及相关的工程改建费用)属于附加的额外投资,这也是目前光储直柔系统推广的局限性所在。由于系统的特殊性,该系统可能需要专业的安装团队和维护服务,这也会增加系统的总体成本。

(3) 政策和市场。

政策支持和市场需求对光储直柔系统的推广至关重要,因此需要政府和相关部门提供更多的激励和扶持。

在政策方面,国务院印发的《2030 年前碳达峰行动方案》、九部门联合印发的《"十四五"可再生能源发展规划》、七部门联合印发的《减污降碳协同增效实施方案》均提出了全面推进分布式光伏开发,积极开展光储直柔系统一体化试点,推动可再生能源与建筑的深度融合。但是现有的政策仍然停留在国家指导层面,较少形成更加详细的、约束性更强的地方性政策。因此,如果想要实现光储直柔系统的进一步推广,需要各地政府形成更加详细且有力的推动性政策。

在市场方面,据调研统计,全球光储直柔系统市场规模呈现稳步扩张的态势,2022 年全球市场规模约 1768.1 亿美元,2018—2022 年年复合增长率 CAGR 约为 29.6%,预计未来将持续保持平稳增长的态势,到 2029 年市场规模将接近 5036 亿美元,年复合增长率为 16.1%。尽管市场分析前景较为广阔,但新技术的市场接受度和推广速度仍然是一个挑战。光储直柔系统需要更多的实际工程应用,让公众切实体会到光储直柔系统的优点,以实现其进一步推广。

1.4　光储直柔系统发展方向

江亿院士主笔的《直流建筑发展路线图 2020—2030》指出,低碳能源结构下建筑的柔性用电是未来建筑的发展方向,其与供给侧的协同发展是实现全社会节能减排的重要路径。光储直柔系统的发展方向主要有以下几点。

(1)理论研究发展。

近年来,在国内外节能建筑领域,涌现出了一系列创新概念和研究焦点。这些概念从节能建筑出发,逐步发展到可持续性建筑、绿色建筑,再到近零能耗建筑、净零能耗建筑、零能耗建筑、生态建筑,以及最新的直流建筑。每一种理念都具有其独特的特点和关注点,但共同追求的核心目标是减少二氧化碳排放,以应对全球气候变化挑战。

当前关于光储直柔系统、直流建筑的理论研究越来越深入,与直流建筑密切相关的直流微电网和需求侧响应同样是各国学者的关注重点。根据 Web of Science 的统计,直流微电网相关的论文数量已累计超过 1000 篇,被引频次超过 3.3 万次;而建筑需求侧响应相关的论文也已累计超过 1600 篇,被引频次超过 3.9 万次。

然而,光储直柔系统在建筑中的应用尚处于前期研究和示范验证阶段,仍有许多挑战需要通过研究加以解决。

(2)建筑节能纵深发展,建筑、工业、交通协同。

在交通运输行业,无论是城市内的公共交通、城市间的长途运输还是货物运输,其车辆目前更加倾向于采用电力驱动。随着电池技术的提升和成本的降低,预计分布式储能技术将得到广泛应用,电动车的储能功能可能成为建筑储能系统的一部分。

在工业生产领域,随着对设备控制性能要求的提高,电力电子设备被广泛用于电能的转换和控制,而这些设备更适合在直流电环境下工作。此外,高端制造业对电力供应质量的要求也在不断提高,基于直流电的定制电力技术在这方面具有明显优势。

在建筑领域,分布式光伏发电将成为太阳能技术的主要应用场景,预计到2030年将占到超过30%的市场份额。同时,储能技术也将取得显著进展。直流电将在照明、智能终端和数据中心等场景中得到优先应用。

随着电气化水平在各个领域的提升,尽管不同领域的用电负荷特性和规律存在差异,但新技术的应用将使得这些负荷在一定程度上相互关联。这将增强负荷的主动调节能力,对于减少电力供应的高峰和低谷差异以及降低温室气体排放具有重要意义。

(3)辅助提高电网可靠性。

电力系统的稳定性和可靠性是电网规划、建设以及日常运行调度的关键目标。根据2018年的数据,中国333个地级市的平均供电可靠性达到了99.826%,城市用户的平均供电可靠性更是高达99.946%,城市用户平均每户的停电时间仅为4.72小时,这一水平已经达到了国际先进水平。然而,目前供电可靠性的提高主要是通过在电网侧增加电力设施的冗余配置来实现的,这不仅给电网企业带来了巨大的投资负担,也限制了可靠性的进一步提升。

实际上,终端用户可以根据自己的需求来设定可靠性目标。通过在建筑中应用"光伏发电+储能+智能调控"的技术组合,可以有效提高用电的可靠性。这种技术组合不仅能够提供更加稳定和持续的电力供应,还能在电网发生故障或不稳定时提供备用电源,从而提高整个电力系统的稳定性和可靠性。

(4)推动建筑终端电器直流化。

目前建筑内使用的各类电气设备(如照明装置),更多地采用直流电源;电脑、显示器等信息技术设备内部电路设计同样基于直流电;空调、冰箱等家电,正在发展直流变频器驱动同步电机,以实现对电机转速的精确控制;电梯、风机、水泵等大功率设备,也在朝着直流驱动的变频控制方向发展,以提高能效。

随着以上技术的发展,建筑用电系统正逐渐从传统的交流驱动转变为直流驱动。光伏发电和蓄电池等新能源技术也要求直流电接入。然而,目前建筑用电系统中,交流电和直流电之间的转换仍然频繁发生,这不仅需要多次接入转换装置,增加了设备的投入和故障率,还会导致大约10%的能量转换损失。

　　因此，未来建筑电气化的趋势可能会更加倾向于采用直流电系统，以减少能量转换过程中的损失，提高系统的可靠性和经济性。同时，直流电系统的应用也将促进光伏发电、储能技术以及智能控制技术的发展，为实现更加高效、环保的建筑用电提供支持。

第 2 章　光储直柔系统解析

作为一种特殊的微电网系统,光储直柔系统集成了光伏发电、储能、直流配电和柔性用电技术,旨在提高建筑的能源自给能力和电网互动性。该系统通过优化建筑用能结构,提高终端电气化水平,支持清洁能源接入,有助于实现"双碳"目标。本章基于微电网的理念,从"光""储""直""柔"4 个方面对光储直柔系统进行深入剖析。

2.1　微电网

微电网是一种将分布式电源、负荷、储能装置、变流器以及监控保护装置有机整合在一起的小型发配电系统,一般分为交流微电网、直流微电网和交直流混合微电网,可运行于并网和孤岛两种模式下。微电网是未来智能配用电系统的重要组成部分,代表了分布式能源供应系统未来发展趋势,对节能减排和能源可持续发展具有重要意义[37]。

目前的微电网工程普遍具有 4 个基本特征。

(1)微型。微电网电压等级一般都在 10 kW 以下,系统规模一般在兆瓦级以下,微电网主要用于与终端用户相连,实现电能的就地利用。

(2)清洁。微电网内部分布式电源以清洁能源为主。一部分微电网的发电形式是以能源综合利用为目标的发电形式。

(3)自治。微电网内部电力电量能实现全部或部分自平衡。

(4)友好。微电网可减少大规模分布式电源接入对电网造成的冲击,可以为用户提供优质可靠的电力。

结合我国微电网发展的实际情况,一些新的微电网技术有待进行进一步的探讨和研究。本节针对近年来国内外微电网技术的新方案和新进展,从微电网分类、运行控制、供电可靠性和电能质量、经济运营与安全机制等 4 个方面进行叙述。

2.1.1　微电网分类

作为主动网络,微电网是智能配电网的重要组成部分,能够充分整合多种分布式能源(表 2.1-1),并使其以并网或孤岛模式运行,为人们提供可靠性供电。

表 2.1-1　分布式能源分类及特点

分布式能源分类	输出电源类型	能源类型
太阳能	直流	可再生能源
风能	交流	可再生能源
燃料电池	直流	化石能源
天然气	交流	化石能源
地热能	交流	可再生能源
波浪能	交流	可再生能源
海流能	交流	可再生能源
潮流能	交流	可再生能源
潮汐能	交流	可再生能源
生物质能	交流	可再生能源
温差能	交流	可再生能源
盐差能	交流	可再生能源
小水电	交流	可再生能源
柴油发电	交流	化石能源

微电网的种类如下所示。

（1）按能量传输类型分为直流微电网、交流微电网和交直流混合微电网。

（2）按并网方式分为独立型微电网和并网型微电网。

（3）按地理位置分为海岛型微电网、偏远地区微电网和城市片区微电网。

（4）按用途分为工业微电网、商企业及生态城微电网、民用微电网、校园微电网等。

（5）按我国常用微电网电压等级分为 400 V 电网、10 kV 电网和 35 kV 电网等。

微电网结构如图 2.1-1 所示。

图 2.1-1　微电网结构

2.1.2　微电网运行控制

（1）微电网中电源数学模型及多种微电源优化配置。

由于微电网具有网架结构灵活、电源类型多样、控制方式复杂、运行模态多等特点，微电网中微电源的数学模型和多种微电源的优化配置具有十分重要的研究意义。微电网中微电源大致可以分为逆变器型微电源和旋转电机型微电源两类，其中既可能包含柴油发电机、微型燃气轮机等易于控制的电源，也可能包含如风力发电机、光伏电池等具有间歇性和不易控制的电源。除上述电源外，通常微电网还需要配置各种类型的储能系统。这些电源的控制以及相互影响增加了微电网研究的复杂性。如何精确地建立各种分布式电源的数学模型，对研究其对微电网动静态稳定性的影响具有十分重要的意义。微电网的组网形式多样、网架结构灵活，交直流混合、单相-三相混合、高低压混合等多种网架结构的微电网在国内已有多处试验示范。研究复杂网架结构下，各种分布式电源容量的优化配置对于实现微电网的经济运行具有重要的价值。

微电源为电网中各种小型模块式的、与环境兼容的分布式电源的统称，例如直流电源、交流电源等，其主要类型有各种燃料电池、微型燃气轮机、光伏电池、风机等。基于微电源的物理特性，建立恰当的微电源数学模型，是认识微电源各种动静态特性的基础。目前，国内外对微电源底层电路模型的建模方式多样，且各有优势，但由于微电源种类繁多，又有各自的适应性，因此还未建立普遍适用的微电源模型，变流器接口也未形成统一的标准。针对微电源和微电网的建模技术和理论体系还有待进一步研究和完善。

储能系统是微电网中的一种特殊的微电源。储能系统由储能单元和双向变流器构成，在联网运行时，储能系统能够存储能量；在孤岛运行时，储能系统起着加快切换速度、改善电能质量和解决多种电源间响应时间不一致的弊端的重要作用。现有研究已建立了各种储能系统的数学模型，分析了其各自的特性，对微电网中储能的积极作用进行了详细评述。此外，储能系统和电力电子变流器间的响应速度的配合问题、储能系统容量和功率等级优化设计、配套双向直流变换器等问题都是值得进一步深入研究的课题。

微电网电源容量的优化配置直接影响能源的梯级综合利用效率、供电可靠性和电能质量等关键技术指标，也是关于微电网优化研究的一项重点内容。光储直柔微电网的柔性是通过对微电网进行容量优化配置、多目标智能优化获得的。

（2）电力电子技术的应用。

电力电子技术将成为实现未来智能电网快速、连续、灵活控制的重要技术，电力电子技术在微电网中的应用大体上可以分为 2 大类。①柔性交流输电

(flexible alternating current transmission system，以下简称 FACTS），如配电网静止同步补偿器（distribution static synchronous compensator，以下简称 D-STATCOM）、有源滤波器（active power filter，以下简称 APF）、动态电压恢复器（dynamic voltage restorer，以下简称 DVR）、统一电能质量调节器（unified power quality conditioner，以下简称 UPQC）等装备在微电网/配电网中的应用。②微电网内部电力电子并网接口的控制升级和先进控制策略的应用。

传统电能质量柔性治理装备（如 APF、D-STATCOM、DVR、UPQC 等）在微电网接入配网后将发挥更多作用，其支撑配电网的功能对于微电网同样适用。同时，这些电能质量柔性治理装备还能够与微电网/微电源构成联合系统共同支撑配电网，有助于充分利用微电网/微电源的储备功率，降低高造价电能质量治理装备的容量，减少其对配电网的冲击和影响。

以电流源换流器和电压源逆变器为代表的微电源并网电力电子装置的出现，大大提高了系统电压、频率和功率调节的灵活性，并且使微电网可以灵活地选择网内运行频率和运行电压以适应不同的应用场合。

（3）微电网多源协调控制与能量管理。

虽然微电网也是分散供电形式的供电系统，但它不是电力系统发展初期那种孤立系统的简单回归。微电网采用了大量先进的现代电力技术，如快速的电力电子开关与先进的变流技术、高效的新型电源及多样化的储能装置等。此外，并网型微电网与配电网是有机整体，可以灵活连接、断开，其智能性与灵活性都较高。微电网可以让配电网有更多的自由度来应对不同的运行工况，能量管理策略可以高效地管理微电网与配电网间的能量交换，实现分布式能源的最大利用。因此，研究配电网高渗透率下微电网的群控技术和能量管理技术以实现多源协调控制应归属于我国未来几年能源战略中的重点之一。这里的多源协调控制既包含配电网中多微电网的协调控制、微电网中多微电源的协调控制，也包括多个供电单元、装备或接口的协调控制。

2.1.3　微电网供电可靠性和电能质量

（1）微电网与配电网交互影响及供电可靠性。

微电网集成了多种能源输入、转换单元，是化学、热力学、电动力学等行为相互耦合的复杂系统。微电网存在多种运行状态，当微电网处于联网运行状态时，功率可以双向流动；在配电网故障时，通过保护动作和解列控制，微电网与配电网解列转为孤岛运行，独立向其所辖重要负荷供电。对于电网而言，微电网的这种孤岛运行是自主性的，避免了分布式电源出现非计划转孤岛运行的情况，大大减小了分布式电源并网对电网安全的影响。在配电网故障消除后，通过并网控制可再次将微电网并入配电网,使微电网重新进入联网运行状态。微电网的运行特性既与其内部的分布式电源特性以及负荷特性有关,也与其内部的储能系统运行特性密切相关,同时还与配电网相互作用,尤其在微电网渗透率比较高的情况下,这种相互作用将直接影响到供电可靠性。随着微电网渗透率的增加,即使系统大部分负荷由微电网承担,由于微电网自身的稳定性和可靠性都要优于分布式电源,因此微电网仍然可以持续减少系统的平均停电次数与停电时间,提高系统的可靠性。

传统配电网一般呈辐射状,稳定运行状况下,沿馈线潮流方向,电压逐渐降低,有功、无功负荷随时间的变化会引起电压波动,线路末端波动较大,如果负荷集中在系统末端附近,电压的波动会更大。当微电网接入传统电网后,尤其是当微电网接入馈线末端后,由于馈线上的传输功率的减小以及微电源输出的无功支持,沿馈线各负荷节点处的电压将被抬高[3,5,38],总体上将有利于提升配电网的供电质量。具体来看,微电源影响接入点的电压分 2 种形式。①微电源与当地的负荷协调运行,即当该负荷变动时,微电源输出跟随调度做出相应调整,此时的微电网将抑制电压波动。②当微电源与当地负荷不能协调运行时,如利用风力、光伏系统等自然资源发电的微电网,由于其本身可调度性较差,此时的微电网接入电网后对当地电压的稳定也可能不起积极作用。就目前来讲,微电网公共耦合点处的电压依然由电网公司负责,微电网并网按照系统能接受的恒定功率因数或恒定无功功率输出的方式进行,微电网参与配电网电压和频率调整尚需一段过程,先进电力电子技术将在这一过程中担当重要角色。

配电网对微电网的主要不利影响是不平衡电压和电压骤降这两个电压质量问题。当配电网故障时,连接微电网和配电网的隔离设备会断开,使微电网处于孤岛运行状态。当配电网发生短时扰动且未达到孤岛运行条件时,微电网会在公共耦合点维持不平衡的电压,如果没有补偿措施,失衡电压可能导致电机负荷和敏感装置的不正常运行,将给微电网的稳定运行带来问题。针对这种现象,可以采用微电源的三相三线制电能质量补偿器,以改善配电网和微电网内部电能质量。

(2) 电能质量治理和评估。

由于微电网系统中包含大量电力电子元器件设备(各种非线性、冲击性、波动性负载和储能装置),这些存在将带来大量谐波和电压的畸变等电能质量问题[39]。与交流配电网相比,直流配电网没有频率和相角的问题,同时避免了交流系统中有功功率、无功功率与频率、电压之间相互耦合的情况。直流配电网可通过控制直流母线电压幅值的稳定实现直流配电网稳定运行。交流配电网的电能质量主要体现在电压、频率、谐波畸变等方面；直流配电网的电能质量主要体现在谐波畸变和电压方面。交/直流配电网电能质量指标体系如图 2.1-2 所示。

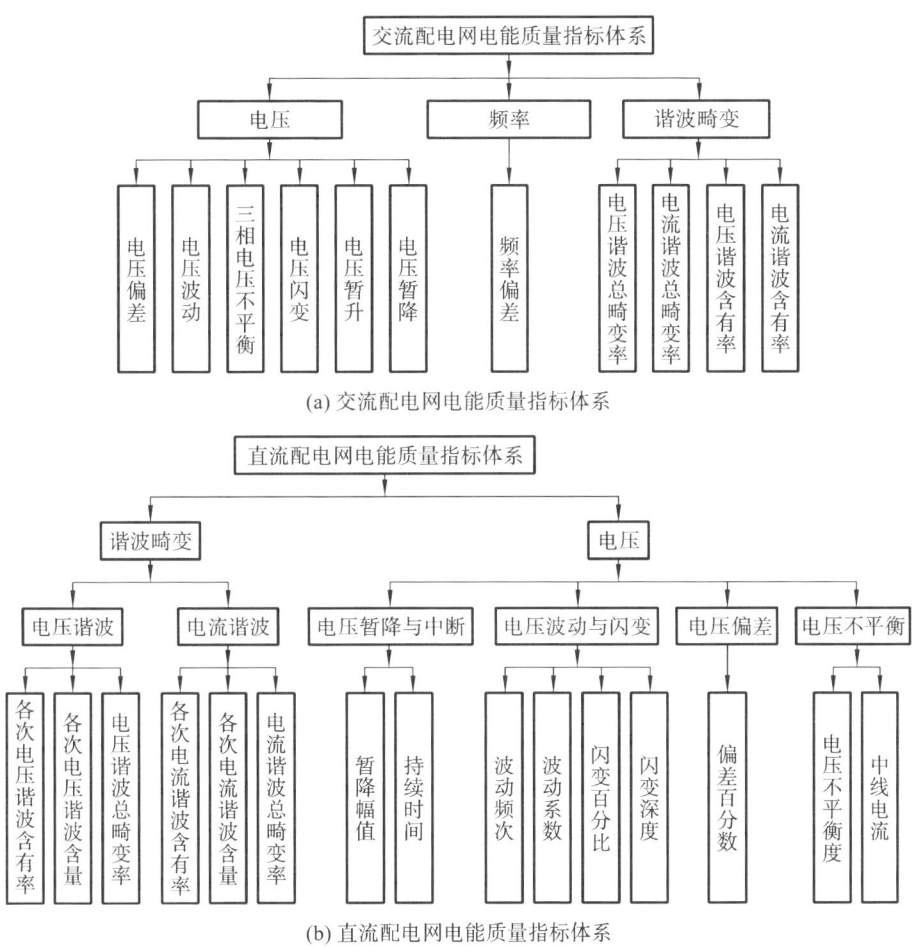

(a) 交流配电网电能质量指标体系

(b) 直流配电网电能质量指标体系

图 2.1-2　交/直流配电网电能质量指标体系

2.1.4　微电网经济运营与安全机制

（1）微电网经济运营。

随着分布式发电渗透率的提高，微电网凭借其能源清洁、发电方式灵活、有功功率和无功功率单独可控、具备储能设备、与环境兼容、线路损耗小等优点得到了迅速发展。但就目前来看，由于微电网内部储能设备以及控制中心价格水平较高,微电网建设初期投资较大,同时还没有出台针对微电网的上网电价与补贴形式的相关政策。现有条件下,对于同等规模的分布式发电,采用直接并网方案比采用微电网方案将更加经济。目前,微电网的建设以保障特殊重要用户供电可靠性需求和满足偏远地区电力供应为主。

(2)微电网安全机制与保护。

微电网存在孤岛运行的模式,伴随而来的是孤岛检测和防反送电等安全机制问题。微电网中的分布式电源由于接入电压等级低,虽然功率就地平衡,但也会对电网产生一定的影响,具体表现如下。①单相-三相混合系统中单相分布式发电系统故障会导致系统三相不平衡。②连接有分布式电源的地区,继电保护整定存在一定的复杂性,保护定值配合难度加大,影响配电系统上的保护开关的动作程序,存在冲击电网保护装置等问题。③连接有分布式电源的地区,调度并网、解网、停送电运行操作也较复杂,需要考虑同期并列等。④微电网处于由联网运行向非计划转孤岛运行的切换过程中,伴随频率和电压参考标准的变化及交换功率的陡降,负载功率将全部由微电网电源承担,可能会严重影响微电网内装备的正常运行和电能质量,损坏逆变器等电力电子装置,甚至出现严重的后果。

2.2 光伏发电

光伏发电系统分为两种类型:一是集中式光伏发电系统,主要是在广阔地面上安装的十兆瓦以上的大型地面电站;二是分布式光伏发电系统,主要是在各种屋顶上安装的兆瓦级以下的光伏发电系统。

一些国家以分布式光伏发电系统为主。我国以集中式光伏发电系统为主,其主要原因是我国政策推动方面以国家为主导,这种自上而下的政策和运行方式,更容易迅速推动集中式光伏系统的建设[40]。

但是,集中式光伏发电系统也存在一些问题。我国的荒漠地区主要在西部,这些荒漠地区的太阳能资源很好,非常便于发展集中式光伏发电系统,但是这些地区的用电负荷低,电力就地消纳能力差,需要将光伏发电系统发出的电力经长距离运输线输送出去。而我国的电力输送能力有限,加之光伏发电具有波动性,使得大规模电力输送更加困难。因此,在西部出现了弃光现象。而在东部经济发达地区,电力负荷非常高,但是没有大面积无用的土地供安装集中式光伏发电系统使用。为解决这种大规模集中发电与大规模负载应用的不平衡现象,在东部地区大力发展分布式光伏系统具有非常大的意义。

2022年3月,住房和城乡建设部印发的《"十四五"建筑节能与绿色建筑发展规划》中明确表示,到 2025 年,城镇新建建筑全面建成绿色建筑,建筑能源利用效率稳步提升,建筑用能结构逐步优化,建筑能耗和碳排放增长趋势得到有效控制,基本形成绿色、低碳、循环的建设发展方式,为城乡建设领域 2030 年前碳达峰奠定坚实基础。自 2022 年 4 月 1 日起,国家标准《建筑节能与可再生能源利用通用规范》正式实施。该规范为强制性工程建设规范,全部条文必须严格执行。该规范要求新建建筑应安装太阳能系统,太阳能光伏发电系统中的光伏组件设计使用寿命应高于 25 年。2022 年 12 月,湖北省发布了《关于加强可再生能源建筑应用管理的通知》,要求新建建筑、既有建筑改造时,应选用太阳能系统。因此,发展低能耗的绿色建筑,改变当前高投入、高消耗、高污染、低效率的模式,成为建筑发展的必然趋势。

在建筑的顶面或者朝阳立面铺设光伏板是解决建筑电力能源消耗大的一项有效措施。对于工业建筑,建设分布式光伏电站具有以下显著优势。

(1)稳定现金流,增加企业收入。

闲置的大面积屋顶是建设分布式光伏电站非常宝贵的资源,尤其是生产性企业屋顶可装配的面积都比较大。如果在所有闲置屋顶上均安装光伏板,形成光伏电站,可以为相关工商业用户增加稳定的现金流,提高经济效益。

(2)节省峰值电费,余电上网销售。

对于高耗能的生产性企业,安装分布式光伏电站可节省较多的电费支出,不仅能够节约成本,通过与电网进行"峰谷套利"交易,还能够实现一定程度的收益。对于电力消耗较大的生产性企业来说,光伏发电的收益率相比传统生产性企业更高,投资回报率更佳。例如:北京地区某企业用电价一般为 0.855 元/(千瓦·时),企业若采用光伏发电则可节约生产成本。通过以上运行模式,光伏发电不仅解决了工商业用户自身的用电问题,额外的发电量还能够为用户创造新的经济效益。

(3)促进节能减排,产生良好的社会效益。

地方政府每年会对生产性企业下达节能减排指标,若企业无法完成相关指标,可能需要承受相应的罚款。在工商业用户的屋顶建设光伏电站能够帮助企业完成节能减排指标。因此,分布式光伏发电(建筑光伏)系统凭借其无噪声、无辐射、无排放、无污染等多种优点,成为高耗能工商业用户的首选配置。

2.2.1　分布式光伏发电系统

当前,新能源的开发利用已经成为保证国民经济可持续发展,解决能源短缺,降低煤炭发电比例和减少环境污染的重要途径。新能源既是我国近期重要的补充能源,又是未来能源结构的基础和重要组成部分。由于可再生能源的分散性、多样性和随机性,分布式发电系统,特别是单机容量较低的光伏发电系统,将成为可再生能源发电的不可或缺的网络结构和组成部分。因此,以可再生能源为主的分布式发电技术凭借其投资节省、发电方式灵活、与环境兼容等优点而得到了快速发展。

分布式光伏发电系统主要是指在用户的场地或场地附近建设和并网运行,不以大规模远距离输送为目的,所生产的电力以用户自用及就近利用为主,多余电量上网,支持现有电网运行,且在配电网系统起到平衡调节作用的光伏发电系统。

分布式光伏发电系统一般接入 35 kV 以下电网,最大的单个并网点总装机容量一般不超过 6 MW。以 220 V 电压等级接入的分布式光伏发电系统,单个并网点总装机容量一般不超过 8 kW。

在《国家能源局关于进一步落实分布式光伏发电有关政策的通知》(国能新能〔2014〕406 号)文件中,又将分布式光伏发电系统的定义扩展为:利用建筑屋顶及附属场地建设的分布式光伏发电项目,在项目备案时可选择"自发自用、余电上网"或"全额上网"中的一种模式;在地面或利用农业大棚等无电力消费设施建设、以 35 kV 及以下电压等级接入电网(东北地区 66 kV 及以下)、单个项目容量不超过 20 MW 且所发电量主要在并网点变电台区消纳的光伏电站项目,纳入分布式光伏发电规模指标管理。

文件指出,国家鼓励开展多种形式的分布式光伏发电应用。应充分利用具备条件的建筑屋顶(含附属空闲场地)资源,鼓励屋顶面积大、用电负荷大、电网供电价格高的开发区和大型工商企业率先开展光伏发电应用。鼓励各级地方政府在国家补贴基础上制定配套财政补贴政策,并且对公共机构、保障性住房和农村适当加大支持力度。鼓励在火车站(含高铁站)、高速公路服务区、飞机场航站楼、大型综合交通枢纽建筑、大型体育场馆和停车场等公共设施系统推广光伏发电,在相关建筑等设施的规划和设计中将光伏发电应用作为重要元素,鼓励大型企业集团对下属企业统一组织建设分布式光伏发电工程。因地制宜利用废弃土地、荒山荒坡、农业大棚、滩涂、鱼塘、湖泊等建设就地消纳的分布式光伏电站。鼓励分布式光伏发电与农户扶贫、新农村建设、农业设施相结合,促进农村居民生活改善和农村农业发展。

分布式光伏发电倡导就近发电、就近并网、就近转换、就近使用的原则,不仅能够有效提高同等规模光伏电站的发电量,同时还有效解决了电力在升压及长途运输中的损耗问题。其能源利用率高,建设方式灵活,将成为我国光伏应用的主要方向。目前应用最为广泛的分布式光伏发电系统,是建设在各种建筑物屋顶和农业设施屋顶及家庭住宅屋顶的光伏发电项目。对这些项目的应用要求是其必须接入公共电网,或与公共电网一起为附近的用户供电。其所发电力一般直接馈入低压配电网或 35 kV 及以下中高压电网中。

2.2.2　分布式光伏发电应用场合

(1)工业园区厂房屋顶,车站、机场等交通枢纽屋顶。

这些场合用电量比较大、用电价格高,但其屋顶面积大,屋顶开阔平整,可建设规模大。这些场合一般用电负荷较大、稳定,而且其用电负荷曲线与光伏发电特性相匹配,可实现电力的自发自用、就地消纳。充分利用工业厂房屋顶和交通枢纽屋顶建设分布式光伏发电项目,既可以满足用户的电力需求,特别是为高耗能企业提供生产用电,减少了企业的能源消耗,又充分利用了闲置的屋顶资源,起到了节能减排的作用,可为企业带来巨大的经济效益和环境效益。

(2)商业建筑屋顶。

商业建筑多为水泥屋顶,利于安装光伏方阵,但是商业建筑对建筑的美观性有要求,而且屋顶上的构筑物和建筑周围的高大建筑物较多,对阳光造成了遮挡,使屋顶可利用面积变少,导致其应用较少。由于商厦、写字楼、酒店、会议中心、度假村等服务业的特点,其用电负荷特性一般表现为白天较高、夜间较低,能够较好地与光伏发电特性匹配,可实现电力的自发自用。对于一些较高的商业建筑,除了利用其屋顶外,还可以利用其外墙立面构成光伏幕墙,增加光伏发电的容量。

(3)市政公共建筑屋顶。

政府办公楼、学校、医院等市政公共建筑屋顶的管理相对统一规范,相对容易协调利用屋顶。其用户用电负荷稳定,且其用电负荷特性与光伏发电特性相匹配。其不足之处是可利用单体面积小,装机容量有限,节假日用电负荷低。但其余电上网量大,当自用电价较低时,适合全额上网。市政公共建筑屋顶也适合分布式光伏发电系统的集中连片建设。

(4)家庭住宅屋顶。

别墅、农村和乡镇居民的家庭住宅屋顶量大、面广。只要是可以长时间接受阳光照射的地方,如屋顶、阳台、院落地面、车棚顶等位置,都是可以利用的。能够满足载荷要求的混凝土、彩钢瓦、传统瓦片、沥青瓦等屋顶都可以建设光伏电站。家庭住宅屋顶的利用比较容易协调,部分农村住宅屋顶还能享受"光伏扶贫""美丽乡村"等政策的补助。在实际应用中,城市居民住宅屋顶的利用往往存在产权不明晰、屋顶多为异型结构的问题,而农村屋顶又存在单体可利用面积小、屋顶承载力不强或不明确的现象。

家庭屋顶光伏电站是分布式光伏发电系统的核心市场。

（5）农村土地及农业设施。

农村有大量的可用于建设光伏项目的土地，包括自有住宅屋顶、农业大棚、鱼塘、养殖基地等，还有荒山荒坡等非耕用地，这些土地可以因地制宜地实施农光互补、渔光互补等各种光伏农业项目。农村往往处在公共电网的末梢，其电能质量较差，在农村建设分布式光伏发电系统可提高当地用户的用电保障水平和电能质量。

利用农业设施建设分布式光伏项目是近年来兴起的被称为"光伏农业"的新型产业模式。通过在农业设施棚顶安装光伏发电设施和在棚下同步开展农业生产的形式，可以最大化地吸收和引进最新的光伏与农业技术，促进两个产业的高度融合、健康发展与技术进步，达到"1＋1＞2"的产业融合效果，最大限度地利用土地资源，增加生态效益和社会效益，提高农民收入，带动地方经济的发展。

（6）边远农牧区及海岛。

由于距离电网遥远，在我国西藏、青海、新疆、内蒙古、甘肃、四川等省份的边远农牧区以及我国沿海岛屿还有数百万居民处于无电或少电状态，分布式离网光伏发电系统或与其他能源互补的微电网系统非常适合在这些地区应用。此外，离网光伏发电系统还可以应用于野外施工、野外养殖、野外种植等场合。

（7）光伏充电站。

随着各种电动交通工具越来越多，各种充电站应运而生。与普通充电站相比，光伏充电站具有设施简单、设置灵活、占地面积小和建设周期短的优势，可以克服目前中心城区土地资源紧张、电网审批手续冗繁、接电成本高等限制，同时光伏储能、放能技术的应用，可以有效缓解高峰时段的电力负荷，达到削峰填谷的效果。

光伏充电站依靠太阳能发电，存入充电桩后为电动车提供充电电力，通过能量存储和转换，将间歇的、不稳定的太阳能资源在用电低谷时储存起来，然后在用电高峰将电输送出去，可实现充电站的经济运行。

（8）自来水厂和污水处理厂。

自来水厂和污水处理厂有着大面积的水处理水池。污水处理厂在处理污水过程中耗电量也比较大，是耗能大户，一般都是 24 h 连续运转，负荷稳定，光伏发电量基本可以实现自发自用，全部消纳。利用污水处理厂的屋顶、沉淀池、生化池和接触池等处安装光伏发电系统，可以充分利用空间，等于对水厂所占用土地进行了二次开发利用，达到了集约化的效果。

2.3　储能蓄电

电力系统中,负荷因昼夜和季节用电量的不同而存在峰谷差,微电网中新能源发电则具有间歇性。作为能量缓冲装置,储能系统既可以在微电网两种运行模式转换间歇做短时供电以实现其平稳过渡,又可以在负荷低落或者高峰时根据不同的能量管理目标通过逆变控制单元适时储存多余能量或者将多余能量回馈给电网,从而达到提高电能质量的目的。

含储能系统的建筑微电网极大地提升了低成本清洁可再生能源发电的应用优势及电力系统的多样性和灵活性。电力消费者可以参与到先进的能量管理中,比如减少峰值和使用时间转移等。这些优点使得用户可以极大地减少能量上的支出并且使微电网得到持续发展。在建筑微电网中广泛运用电池储能系统作为缓冲装置,对用户及电网双方都很有利。

现有案例中,建筑的储能蓄电主要包含以下几种形式(图 2.3-1)。有88.2%的建筑采用了电池储能系统,5.9%的建筑采用了冰蓄冷系统,5.9%的建筑未采用储能系统。在采用电池储能系统的建筑中,52.9%的建筑采用磷酸铁锂电池,23.5%的建筑采用钛酸锂电池,5.9%的建筑采用铅酸电池,5.9%的建筑采用铅碳电池和钛酸锂电池。可见,电化学储能已成为建筑储能的主要形式,磷酸铁锂、钛酸锂等锂离子电池是建筑中应用较广泛的电化学储能类型。

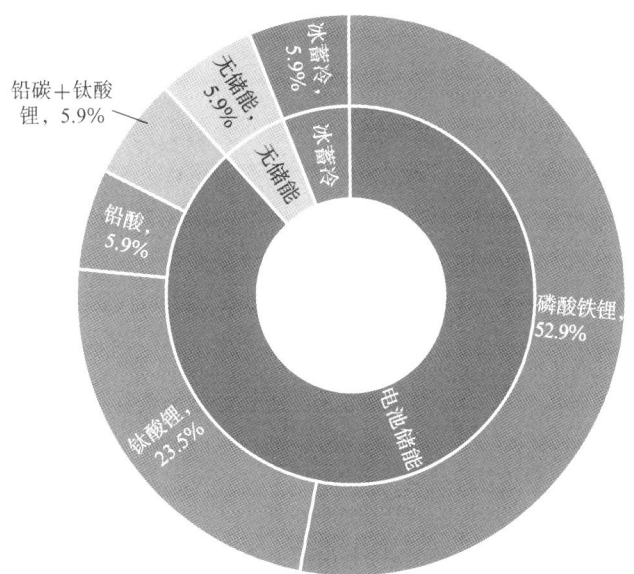

图 2.3-1　储能系统应用类型分布

2.3.1　电化学储能

（1）定义。

电化学储能是一种通过锂离子电池、液流电池等方式将电能储存起来的新型储能系统，主要应用于分钟至小时级的作业场景。

在诸多储能系统中，电化学储能相对于其他储能形式在规模和场地上拥有较好的灵活性和适应性，同时在调度响应速度、控制精度、电力系统调频以及建设周期方面具有比较大的优势，有着不可替代的重要作用，具有更广阔的应用前景，在近两年全球储能市场发展势头强劲。

相比于机械储能、电磁储能、储氢、储热等其他储能技术，电化学储能系统的优势非常明显，其部署灵活，又被称为"平地上的抽水蓄能站"。电化学储能与其他储能形式的对比如表 2.3-1 所示。

表 2.3-1　电化学储能与其他储能形式对比

储能类型		典型额定功率	充放电时间	优　点	缺　点	应用场合
机械储能	抽水储能	100～2000 MW	数十小时	适用于大规模储能场合，技术成熟	需要地理资源	调峰、调频、系统备用
	压缩空气	10～300 MW	数十小时	适用于大规模储能场合	需要地理资源	调峰、调频、系统备用
	飞轮储能	5 kW～10 MW	1 s～30 min	比功率高	成本高	UPS、电能质量调节
电磁储能	超导储能	10 kW～50 MW	2 s～5 min	响应快，比功率高	成本高，运行维护复杂	提高电能质量和电网稳定性
	超级电容	10 kW～1 MW	1～30 s	响应快，比功率高	成本高，储能量低	电动汽车、电能质量调节
电化学储能	铅酸电池	1 kW～50 MW	1 h 以内	技术成熟，成本低	寿命短，能量密度低	备用电源
	液流电池	5 kW～100 MW	数小时	寿命长，可组合	储能密度低，成本高	备用电源、辅助可再生能源、调峰填谷
	锂离子电池	1 kW～1 MW	数小时	比能量高，比功率高，转换效率高，寿命长	成本较高	辅助可再生能源、独立调频调峰、电动汽车

（2）系统组成。

电化学储能系统主要由电池模组、储能变流器（PCS）以及电池管理系统（BMS）和能量管理系统（EMS）组成。其中，电池模组负责储电；PCS 是连接于电池系统与电网（或负荷）之间的实现电能双向转换的变流器；BMS 和 EMS 是储能系统的管理和控制中枢，BMS 主要负责监测电池数据，保护电池安全，EMS 主要通过数据采集、网络监控和能量调度来实现储能系统内部微电网的能量控制，保证微电网和整套系统正常运行。电化学储能系统的组成及它们之间的信息流向如图 2.3-2 所示。

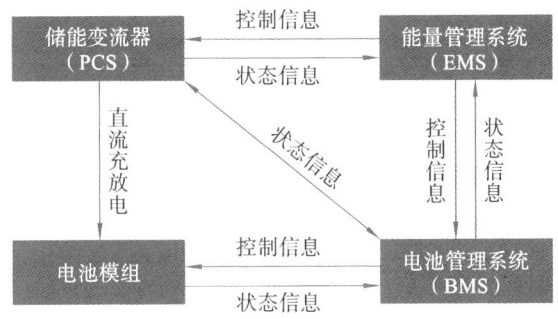

图 2.3-2　电化学储能系统组成及它们之间的信息流向

（3）锂离子电池。

锂离子电池是电化学储能电池的一种，也是二次电池（充电电池）。它主要依靠锂离子在正极和负极之间移动来工作。在充放电过程中，Li^+ 在两个电极之间往返嵌入和脱嵌：充电时，Li^+ 从正极脱嵌，经过电解质嵌入负极，负极处于富锂状态；放电时则相反。

锂离子电池主要由正负极、隔膜、电解液、外壳组成（图 2.3-3）。

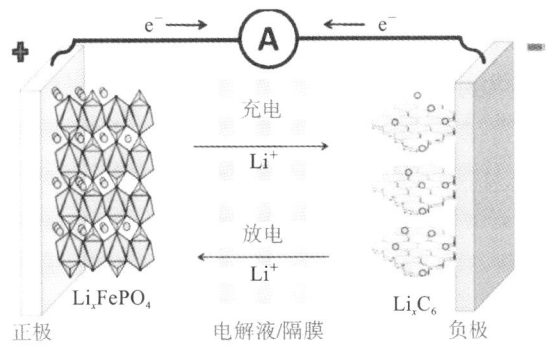

图 2.3-3　锂离子电池组成

①正负极。锂离子电池正极活性物质一般为磷酸铁锂、锰酸锂、钴酸锂和镍钴锰酸锂材料,其导电极集流体使用厚度为 $10\sim20~\mu m$ 的电解铝箔。锂离子电池负极活性物质为石墨或近似石墨结构的碳基材料,其导电极集流体使用厚度为 $7\sim15~\mu m$ 的电解铜箔。正负极电位决定其正极集流体用铝箔,负极集流体用铜箔。铜箔和铝箔具有导电性良好、易形成氧化保护膜、质地较软有利于黏结、制造技术较成熟、价格相对低廉等优点,因此被选择作为锂离子电池集流体的主要材料。锂离子电池的正极电位高,铝箔的氧化层比较致密,而铜在高电位下会发生嵌锂反应,不宜做正极集流体,故正极集流体一般采用铝箔;而负极的电位低,铝箔在低电位下易形成铝锂合金,故负极集流体一般采用铜箔。铜箔和铝箔之间不具备互替性。

②隔膜。经特殊成型的高分子薄膜有微孔结构,可以让锂离子自由通过,而电子不能通过。锂离子电池隔膜主要作用是使电池的正、负极分隔开来,防止两极接触而短路。对于锂电池系列,由于电解液为有机溶剂体系,因而需要使用耐有机溶剂的隔膜材料,故一般采用高强度薄膜化的聚烯烃多孔膜。

③电解液。锂离子电池采用的电解液为溶解有六氟磷酸锂的碳酸酯类溶剂。

(4) 磷酸铁锂电池。

磷酸铁锂电池是一种使用磷酸铁锂（$LiFePO_4$)作为正极材料,碳基材料作为负极材料的锂离子电池,其单体额定电压为 $3.2~V$,充电截止电压为 $3.6\sim3.65~V$。

磷酸铁锂的特色是其不含钴等贵重金属元素,原料价格低,资源含量丰富。

(5) 三元锂电池。

三元锂电池是指使用三元复合正极材料镍钴锰酸锂($Li(NiCoMn)O_2$)或者镍钴铝酸锂的锂电池。三元复合正极材料是以镍盐、钴盐、锰盐为原料的电池材料,镍、钴、锰的比例可以根据实际需要进行调整。这种材料综合了钴酸锂、镍酸锂和锰酸锂三种材料的优点,形成了三种材料三相的共熔体系,由于三元协同效应,其综合性能较好。

三元锂电池因为相对稀缺,其价格随着电动车快速发展而水涨船高。同时,其价格受上游原材料供应的制约。

(6) 铅酸电池与铅炭电池。

铅酸电池是一种电极主要由铅及其氧化物制成,电解液是硫酸溶液的蓄电池。铅酸电池在放电状态下正极主要成分为二氧化铅,负极主要成分为铅;在充电状态下正负极的主要成分均为硫酸铅[41]。铅酸电池的原理如图 2.3-4 所示。

铅炭电池是一种电容型铅酸电池,它在铅酸电池的负极中加入了活性炭,通过这一步骤能够显著提高铅酸电池的寿命。

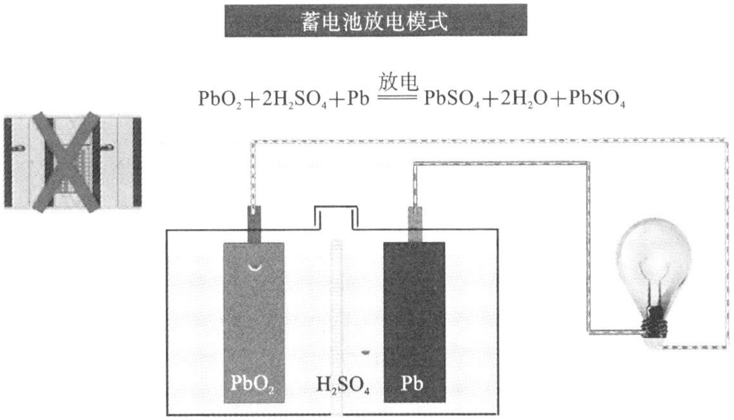

蓄电池放电模式

$$PbO_2 + 2H_2SO_4 + Pb \xrightarrow{\text{放电}} PbSO_4 + 2H_2O + PbSO_4$$

图 2.3-4　铅酸电池原理图

　　铅炭电池是铅酸电池的创新技术,相比普通铅酸电池有着诸多优势。铅炭电池有以下优势:一是充电快,其充电速度相比普通铅酸电池提高了 8 倍;二是其放电功率相比普通铅酸电池提高了 3 倍;三是其循环寿命提高到普通铅酸电池的 6 倍,循环充电次数可达 2000 次;四是其性价比高,尽管其比铅酸电池的售价有所提高,但其循环使用寿命大大提高了;五是使用安全稳定,可广泛地应用在各种新能源及节能领域。此外,铅炭电池也发挥了铅酸电池的比能量优势,且拥有非常好的充放电性能——90 min 就可充满电(铅酸电池若这样充、放,其循环使用寿命只有不到 30 次)。铅炭电池添加了活性炭,阻止了负极硫酸盐化现象,改善了电池性能。

　　(7)液流电池。

　　液流电池是由 Thaller 于 1974 年提出的一种电化学储能技术,是一种新的蓄电池。液流电池由电堆单元、电解液、电解液存储供给单元以及管理控制单元等部分构成,是利用正负极电解液分开,各自循环的一种高性能蓄电池,具有容量高、使用领域广、循环使用寿命长的特点。液流电池的原理(以钒电池举例)如图 2.3-5 所示。

　　(8)钠离子电池。

　　钠离子电池是一种二次电池(充电电池),主要依靠钠离子在正极和负极之间移动来工作,与锂离子电池工作原理相似。钠离子电池是 2022 年度化学领域十大新兴技术之一。钠离子电池使用的电极材料主要是钠盐,相较于锂盐而言其储量更丰富,价格更低廉,所以当对重量和能量密度要求不高时,钠离子电池是一种划算的替代品。钠离子电池的原理如图 2.3-6 所示。

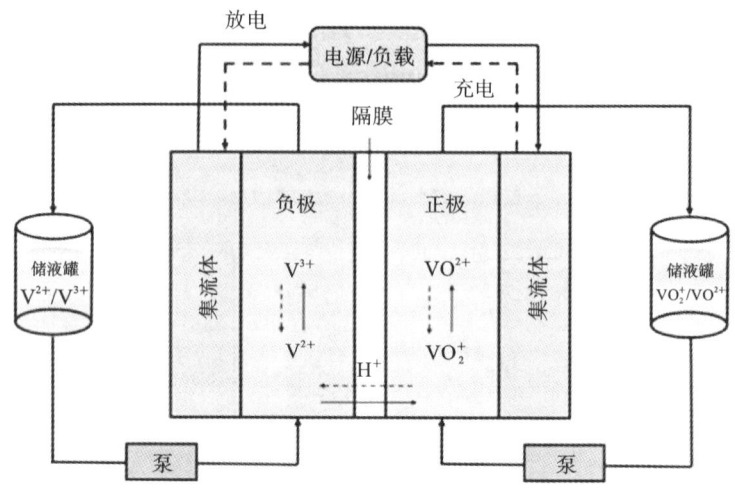

图 2.3-5　液流电池的原理

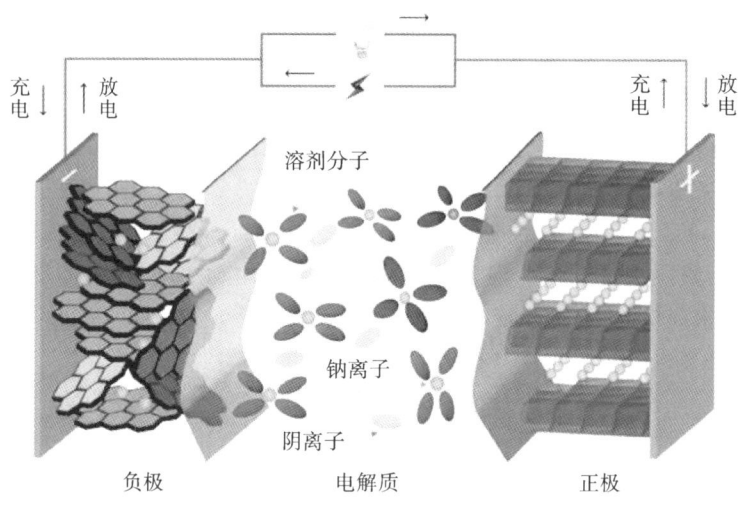

图 2.3-6　钠离子电池原理图

　　与锂离子电池相比,钠离子电池具有的优势有以下几点。①钠盐原材料储量丰富,价格低廉,采用铁锰镍基正极材料相比较锂离子电池三元复合正极材料,其原料成本降低一半。②由于钠盐特性,钠离子电池允许使用低浓度电解液(同样浓度电解液,钠盐电导率高于锂电解液 20％左右)降低成本。③钠离子不与铝形成合金,负极可采用铝箔作为集流体,可以进一步降低成本 8％左右,降低重量 10％左右。④由于钠离子电池无过放电特性,允许钠离子电池放电到零伏。钠离子电池能量密度已大于 140 W・h/kg,可与磷酸铁锂电池相媲美,但是其成本优势明显,有望在大规模储能中取代传统铅酸电池。⑤钠离子电池耐低温,钠离子电池在－20 ℃的低温环境中可以实现 90％以上的放电保持率,－40 ℃低温下可放出 70％以上的容量,高温 80 ℃时还能循环充放使用,场景应用更具有灵活性。

（9）储能度电成本。

储能度电成本(LCOS)为国际通用的储能成本评价指标。基于储能全生命周期建模的储能平准化成本是目前国际上通用的储能成本评价指标,它是对项目生命周期内的成本和放电量进行平准化后计算得到的储能成本。

目前几种典型电化学储能技术的储能度电成本仍远高于抽水蓄能的度电成本,而磷酸铁锂电池和铅炭电池的储能度电成本相对较低(图 2.3-7)。

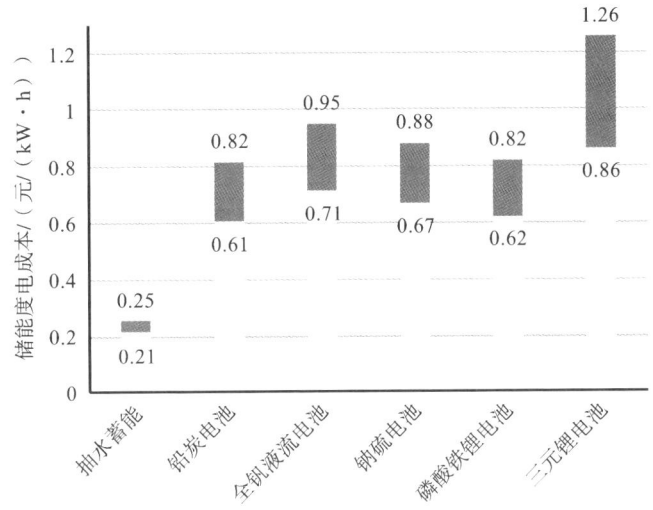

图 2.3-7　几类典型储能技术的储能度电成本

2.3.2　水蓄冷系统

水蓄冷系统是利用水来节约空调用能的系统。水蓄冷系统利用峰谷电价差,在低谷电价时段将冷量存储在水中,在白天用电高峰时段使用储存的低温冷冻水提供空调用冷。当空调使用时间与非空调使用时间和电网高峰与低谷同步时,就可以将电网高峰时间的空调用电量转移至电网低谷时使用,达到节约电费的目的。目前使用最成熟和有效的蓄冷方式是自然分层法[42]。水蓄冷系统的原理如图 2.3-8 所示。

①迷宫式储水法。迷宫式储水法采用隔板把蓄水槽分成很多个单元格,水流按照设计的路线依次流过每个单元格(图 2.3-9)。迷宫式储水法能较好地防

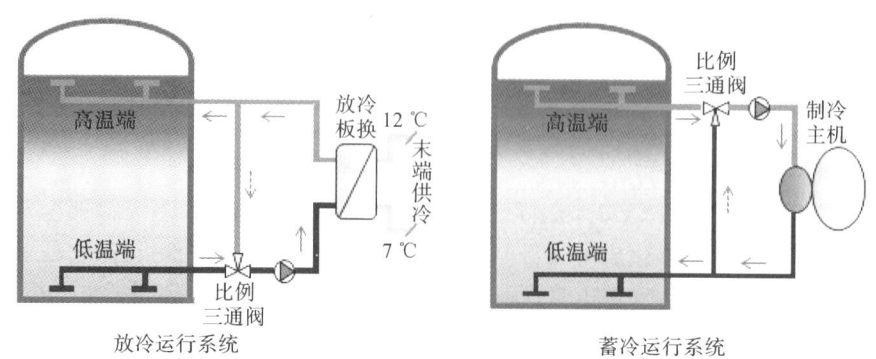

图 2.3-8　水蓄冷系统原理图

止冷热水混合。但迷宫式储水法在蓄冷和放冷过程中存在一个问题,即热水从底部进口进入或冷水从顶部进口进入,这样做易使冷热水因浮力而造成混合。水的流速过高会导致扰动及冷热水的混合;而流速过低会在单元格中形成死区,降低水蓄冷系统的容量。

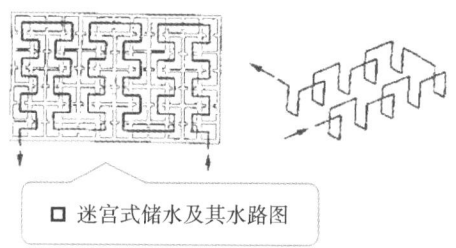

迷宫式储水及其水路图

图 2.3-9　迷宫式储水法

　　②多蓄水罐法。多蓄水罐法将冷水和热水分别储存在不同的罐中,以保证送至负荷侧的冷水温度维持不变。多个蓄水罐之间有不同的连接方式,一种是空罐方式,如图2.3-10(a)所示,它保持多罐系统中总有一个罐在蓄冷或放冷循环开始时是空的,随着蓄冷或放冷的进行,各罐依次倒空。另一种连接方式是将多个罐串联连接或将一个蓄水罐分隔成几个相互连通的分格(图2.3-10(b))。蓄冷时,冷水从第一个蓄水罐的底部入口进入罐中,顶部溢流的热水送至第二个罐的底部入口,依此类推,最终所有的罐中均为冷水;放冷时,水流动方向相反,冷水由第一个罐的底部流出,回流热水从最后一个罐的顶部送入。由于在所有的罐中均为热水在上、冷水在下,利用水温不同产生的密度差就可防止冷热水混合。多罐系统在运行时个别蓄水罐可以从系统中分离出来单独进行检修维护,但多罐系统的管理和控制较复杂,初投资和运行维护费较高。

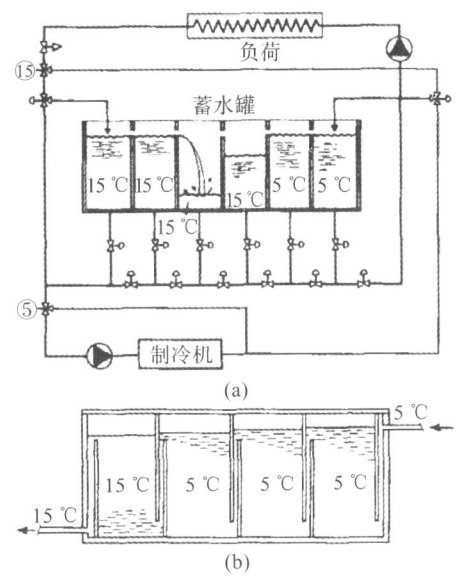

图 2.3-10　多蓄水罐法

③自然分层法。自然分层法利用水在不同温度下密度不同而实现自然分层。其系统组成是在常规的制冷系统中加入蓄水罐,如图 2.3-11(a)所示。在蓄冷循环时,制冷设备送来的冷水由底部散流器进入蓄水罐,热水则从顶部散流器排出,罐中水量保持不变。在放冷循环中,水流动方向相反,冷水由底部散流器送至负荷侧,回流热水从顶部散流器进入蓄水罐。图 2.3-11(b)是自然分层法的蓄冷特性曲线图。其纵坐标为温度,横坐标为蓄水量的百分比。A、C 分别为放冷循环时制冷机的回水和出水特性曲线;B、D 分别为蓄冷循环时制冷机的回水和出水特性曲线。一般用蓄冷效率来描述蓄水罐的蓄冷效果。蓄冷效率的定义是蓄水罐实际入冷量与蓄水罐理论可用蓄冷量之比,即:蓄冷效率＝(曲线 A 与 C 之间的面积)/(曲线 A 与 D 之间的面积)。

一般来说,自然分层法是简单、有效和经济的储水方法,如果设计合理,蓄冷效率可以达到 $85\%\sim95\%$。

2.3.3　相变储能

相变储能材料是一类利用在某一特定温度下发生物理相态变化以实现能量存储和释放的储能材料,具有储热密度高、放热速率快、蓄热温度分布均匀等优点。在建筑工程应用中,它可以有效降低建筑结构中的温度波动,达到节能减排的目的[43-45]。运用该材料建设的相变储能墙体如图 2.3-12 所示。

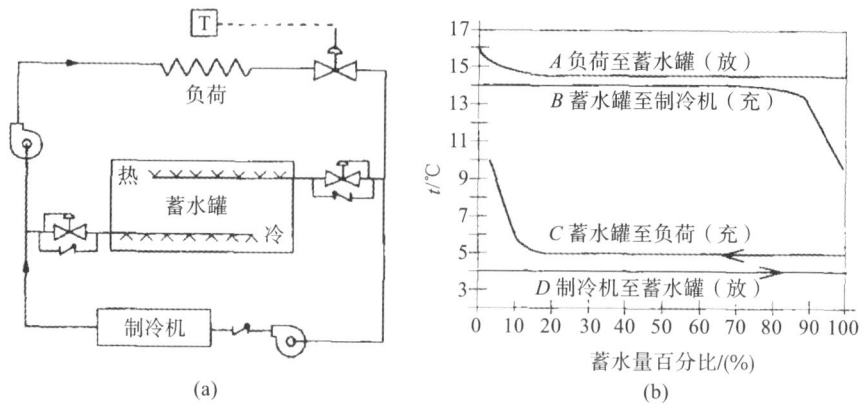

(a)   (b)

图 2.3-11   自然分层法

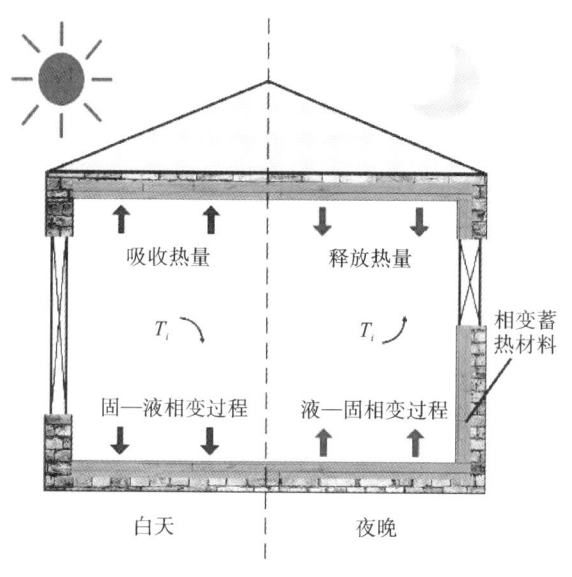

图 2.3-12   相变储能墙体

基于相变储能材料的相变过程和化学组成不同,对相变储能材料分类如下。

(1)按相变过程分类。

现有相变储能材料的相变过程主要有液体—液体相变、液体—气体相变、固体—液体相变和固体—固体相变。其中,液体—液体相变由于并非定形相变过程,难以在建筑墙体内应用。虽然固体—固体相变的材料相变前后体积变化小,制作工艺要求低,使用寿命长,其相变潜热接近于发生固体—液体相变的材料且过冷度小,但是,该类材料相变温度普遍较高,用在建筑中存在一定困难。

而液体—气体相变的材料在相变过程中体积变化很大,与建筑结合存在较大困难。考虑到固体—液体相变的材料的相变温度范围普遍较小,相变潜热较大且体积变化相对较小,且在目前的工程中得到了广泛应用,用户宜选择固体—液体相变储能材料应用在建筑中。

(2) 按化学组成分类。

现有相变储能材料按照化学组成的不同可分为无机相变储能材料和有机相变储能材料。无机相变储能材料主要包括金属、合金、无机盐和水合无机盐等,如表 2.3-2 所示。虽然无机相变储能材料存在相变温度不高、密度大、导热系数大、熔解热大、无腐蚀性等优点,理论上可用于建筑围护结构或暖通空调系统之中,但是无机相变储能材料存在传热性能差、单位体积蓄热量低等明显不足,因此它难以成为用户建设相变储能墙体时的首选方案。

表 2.3-2　适用于建筑供暖及降温的有关相变储能材料的热特性

材　　料	熔点 /℃	熔解热 /(kJ/kg)	密度 /(kg/m³)		比热容 /(J/(kg·K))		导热系数 /(W/(m·K))	
			固相	液相	固相	液相	固相	液相
共晶硫酸钠	13	146	1400	—	1420	2680	—	—
冰	0	334	920	1000	5270	4220	0.62	2.26
六水合氯化钙	27	190	1800	1569	1460	2130	1.09	0.54
十水合硫酸钠	32	225	1460	1330	1760	3300	2.25	—
五水合硫酸钠	43	209	1650	—	1460	2300	0.57	—
六水合氯化镁	120	169	1560	—	1590	2240	—	—

有机相变储能材料有石蜡、脂酸类以及某些醇类、芳香烃类化合物等,常用的主要包括以下几种。

①石蜡。石蜡主要由直链烷烃混合构成,分子式为 C_nH_{2n+2}。石蜡的熔解温度和熔解热与其拥有的碳链长短有关,相变温度在 $20\sim60$ ℃,熔解热在 $140\sim280$ kJ/kg,比较适合在建筑中应用。石蜡具有很多适用于作为相变储能材料的优点,如熔解蒸气压低、无析出,凝固无过冷现象,无毒且化学性质稳定,便于获取等。但是,石蜡也存在制备成本高、热稳定性较差等问题。

②多元醇类相变储能材料。多元醇类相变储能材料属于固体—固体相变储能材料,相变过程中始终保持固态。其在相变过程中不产生相分离,过冷度小,相变潜热大。常用的多元醇类相变储能材料主要有季戊四醇(PE)、三羟甲基乙烷(PG)和新戊二醇(NPG)等。但是,它的相变温度过高,一般在 $100\sim300$ ℃之间。

③脂酸类有机相变储能材料。其分子式为 $C_nH_{2n}O_2$，相变温度范围大于石蜡，为 $20\sim90$ ℃，相变潜热与石蜡基本相同。在建筑中有较多脂酸类有机相变储能材料应用，如癸酸、月桂酸、肉豆蔻酸、软脂酸、硬脂酸等。脂酸类有机相变储能材料相变过程完全可逆且无过冷和相分离等现象的发生，是比较理想的相变储能材料。

脂酸类有机相变储能材料优势明显，是用户构建相变储能墙体的首选方案。为满足建筑宜居条件，它还应满足以下要求。

①材料具有适宜相变温度。

②材料相变潜热较大。

③相变过程无熔析现象发生，相变材料化学成分不发生变化。

④材料性能稳定，熔化或凝固过程温度基本恒定且相变过程可逆，不易发生过冷现象。

⑤无腐蚀作用，不污染环境。

⑥为非可燃材料。

⑦较快的结晶速度和晶体生长速度。

⑧材料性价比高，便于购买。

⑨对人体无毒无害。

适用于相变储能墙板的相变储能材料及其热特性如表 2.3-3 所示。

表 2.3-3　适用于相变储能墙板的相变储能材料热特性

相变储能材料	相变点/℃	熔解热/(kJ/kg)
正十六烷	16.73	237.72
正十八烷	28.22	243.6
正二十烷	36.63	247.8
癸酸	30.68	155.5
月桂酸	42.91	175.8
肉豆蔻酸	52.12	190.0
软脂酸	54.13	183.0
硬脂酸	64.52	196.0

目前传统的建筑相变储能系统大多采用被动式建筑。其在冬季采暖时须吸收尽可能多的太阳辐射热，并尽量保存室内的热量；其在夏季降温时必须尽量遮挡太阳辐射，同时要利用通风和夜间辐射等技术驱除室内的热量。虽然被动式建筑在冬季供暖效果良好，但是在夏天存在室温过热且不可控的

缺点。主动式建筑相变储能系统则具有可控性的特征,其相变储能墙体结构如图 2.3-13 所示。

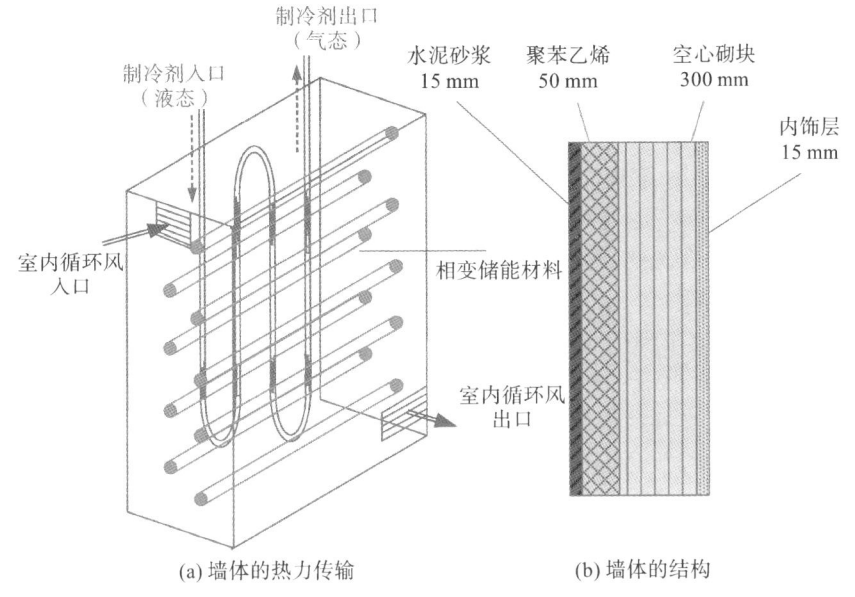

（a）墙体的热力传输　　　　　（b）墙体的结构

图 2.3-13　主动式建筑相变储能墙体结构图

由图 2.3-13 可知,其相变储能墙体由最外层的水泥砂浆、隔热的聚苯乙烯、可通风的空心砌块以及介于室内与砌块之间的内饰层构成。空心砌块内密集铺设有 PE 管道,其直径为 20 mm,管内封装有相变储能材料,管间有堆叠空隙可供空气流通换热。

在 PE 管道堆中敷设热管使其与相变储能材料发生直接物理接触,热管中通有循环流动的 R134a 制冷剂。在储存富余电能的过程中,主动式建筑相变储能系统通过空气源热泵将电能转换为热能,以制冷剂为媒介,完成向相变储能材料传输并储存能量的过程。当前部分地暖设计即采用与之类似的能量传输方案,该方案具备工程可行性,而采用相变储能材料作为储能载体即可突破地暖不能长时间储热/冷的局限性。

建筑相变储能系统结构如图 2.3-14 所示。它存在储能和释能两种工作模式。

①储能工作模式。当建筑相变储能系统电功率富余或者电价低廉时,建筑相变储能系统将作为电热负载工作在储能工作模式下。供应的电能在热泵中转化为热能,以制冷剂为介质传输并储存于相变储能墙体中。相变储能墙体一方面能作为能量存储容器,另一方面能作为能量释放渠道,借助于热对流与室内进行空气循环,释放能量以满足温控需求。

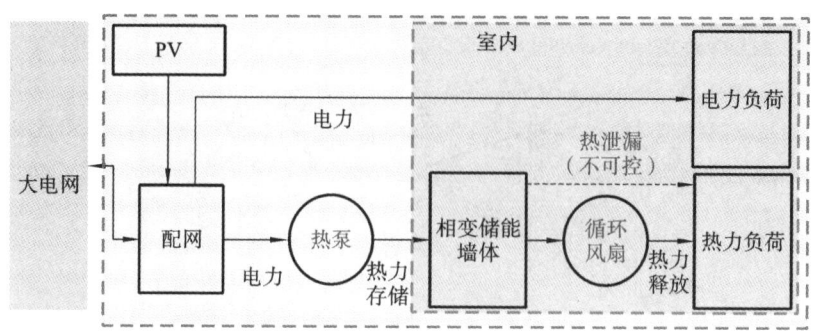

图 2.3-14 建筑相变储能系统结构图

②释能工作模式。当电热转换过程停止后,建筑相变储能系统将工作在释能工作模式下。在释能工作模式下,建筑相变储能系统将在没有热能输入的情况下持续向室内释放热能。考虑到仅仅通过室内空气与相变储能墙体的热对流难以满足室内快速温度调节的需求,因此在相变储能墙体中安装循环风扇,循环风扇可以加快室内空气与相变储能墙体的热交换过程,从而建立可控空气流通速度与流通量的室内-相变储能墙体空气循环,以实现室内温度的可靠控制。

2.4 直流配电

直流配电系统是一种使用直流电作为主要供电方式的电力分配系统。与传统的交流配电系统相比,直流配电系统在部分应用场景下可以提供更高的能效和更好的电能质量[46]。

在交流配电系统产生前,直流配电系统是最主要的配电方式。但由于当时直流变压困难、电压等级低、容量小等,直流配电系统最终被交流配电系统所取代。20世纪末,随着电力电子技术、新能源和新材料通信等高新技术的发展,人们对电能质量以及供电可靠性的要求逐渐提高,直流配电系统再一次成为研究热点。它再次成为研究热点主要有以下几方面原因。

(1)需求增长。

用户侧的电气设备直流负荷居多,其数量上升趋势显著。现代电子设备,如计算机、手机、LED照明装置等,其内部大多数使用直流电,直流配电系统可以直接供电,不需要进行交流—直流转换,减少能量损耗,使用直流配电网充放电更加便利,可以实现用户"即插即用"的需求。

（2）提高效率。

同采用交流配电系统相比，采用直流配电系统减少了大量的交流—直流转换环节，进而降低了系统的运行损耗，也节省了运营资金。尤其是在直流负荷与变频技术设备居多的配电场合，其优势极为明显。电力电子技术的突破使直流电压等级得到提高，直流—直流转换效率日益提升，直流高压变比得以实现，技术难度与成本不断降低，能量存储技术进步也辅助直流配电系统实现跨越式发展。

（3）电能质量高。

直流配电系统不易产生电磁干扰，对电能质量的控制更为容易，减少了电磁兼容性问题。随着环境危机和能源危机不断加深，分布式能源大规模接入电网。对于新能源的接入，直流配电系统具有更高的可靠性、稳定性、经济性，容易配置多端系统，既灵活又高效，不存在交流配电系统在新能源接入时产生的三相不平衡、谐波污染、功率不稳定等复杂问题。

（4）电压稳定性更好。

直流配电系统不会产生交流配电系统中的电压波动和频率变化问题，电压稳定性更好，电压波动和瞬时电压降低的风险较低。

2.5　柔性控制

光储直柔系统的"柔"主要体现在两方面，一方面为柔性使用建筑外部电能，另一方面为柔性使用建筑内部用电。

2.5.1　柔性使用建筑外部电能

电源的容量优化配置是光储直柔微电网建设的基础，可在规划设计阶段为保证微电网建设的经济性、环保性和供电可靠性提供参考。

（1）需求侧响应。

建筑能够根据外部电网的需求和电价变化灵活调整其能源使用模式，例如在电价低时段增加储能，在电价高时段减少从电网购电或提供需求响应服务。

（2）平抑可再生能源接入。

建筑能够柔性地接入太阳能、风能等可再生能源，通过储能系统改善这些能源的间歇性和不稳定性，提高其利用率。

（3）电网互动。

作为微电网的一部分，建筑可以与外部电网进行柔性互动，例如在电网负荷高峰时提供支持，在电网负荷低谷时储存能量。

2.5.2 柔性使用建筑内部用电

（1）负载管理。

建筑内部的用电设备能够根据实时能源供应情况和预设的能效目标柔性调整运行模式，如智能照明、空调、洗衣机、洗碗机等系统。

（2）实现虚拟电厂。

虚拟电厂是一种通过先进信息通信技术和软件系统，实现分布式充电（DG）系统、储能系统、可控负荷、电动汽车等分布式能源资源（DER）的聚合和协调优化，作为一个特殊电厂参与电力市场和电网运行的电源协调管理系统。"虚拟电厂"概念的核心可以总结为"通信"和"聚合"。虚拟电厂的关键技术主要包括协调控制技术、智能计量技术以及信息通信技术。虚拟电厂最具吸引力的功能在于能够聚合 DER 参与电力市场和辅助服务市场运行，为配电网和输电网提供管理和辅助服务。

光储直柔系统可以视为实现虚拟电厂的载体之一，光储直柔系统可以通过将电网中大量散落的、可调节的电力负荷整合起来，加入电网调度，实现有效削峰填谷。在需求响应方面，光储直柔系统可以通过建立虚拟电厂的平台，把各类可调负荷资源汇聚，根据电网削峰填谷的需求，进行线上填报，下发计划，执行反馈，类似于线上工单派单系统。电网根据需求调控计划，负荷集成商和虚拟电厂运营商把计划告诉客户。

第3章 被动式建筑

3.1 定义

被动式建筑是指通过使用保温性能较高的材料和传热系数较低的门窗,采用优化的建筑构造做法实现高效的保温隔热性能,利用清洁能源和家电设备的散热为室内提供热源,减少或不使用主动供应能源的建筑(图 3.1-1)。被动式建筑在大大降低二氧化碳排放量的同时,只需要较低的一次能源就能保证建筑所需的制冷、采暖、通风等方面的能源需求,并且使建筑达到舒适温度的要求。在室外温度为 $-20\ ℃$ 的情况下,这种节能建筑室内可以不必采用任何取暖方式就能保持正常生活所需的温度,意味着该房屋基本不需要主动供应能量。被动式住宅的许多优点也符合我国提出的建筑应适应性强、性价比高、环保、美观的政策,因此,被动式建筑将是中国节能建筑进一步发展的主要方向之一[47]。

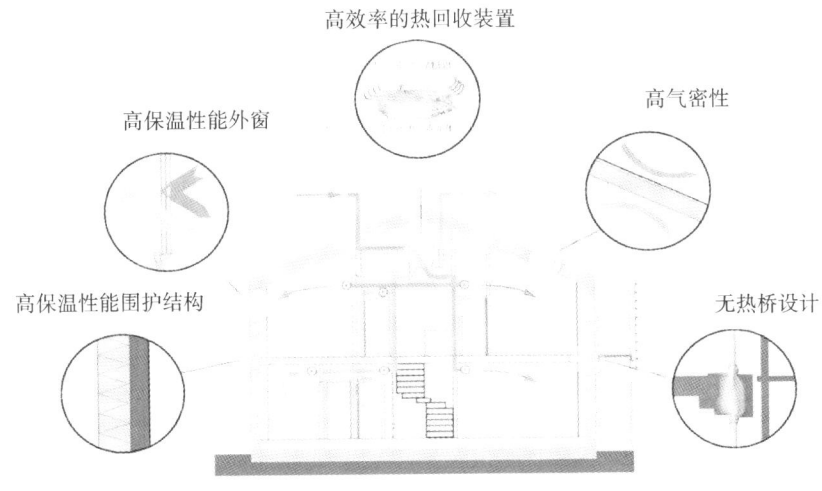

高效率的热回收装置

高保温性能外窗

高气密性

高保温性能围护结构

无热桥设计

图 3.1-1 被动式建筑示意图

3.1.1 概念

德国被动房研究所于 1996 年成立,该研究所致力于被动技术的研究、被动式建筑标准的制定和认证咨询,并提出了被动式建筑的 PHI 认证标准,旨在实现被动式建筑的低能耗和高舒适度。根据欧盟委员会对被动式建筑的定义,被动式建筑是指在没有传统形式的供暖和主动空调的情况下,在冬天和夏天都能营造舒适的室内环境的建筑。

国内在 2015 年发布的《被动式超低能耗绿色建筑技术导则(试行)(居住建筑)》中给出了被动式超低能耗绿色建筑详细的定义:被动式超低能耗绿色建筑是指适应气候特征和自然条件,通过保温隔热性能和气密性能更高的围护结构,采用高效新风热回收技术,最大限度地降低建筑供暖供冷需求,并充分利用可再生能源,以更少的能源消耗提供舒适室内环境并能满足绿色建筑基本要求的建筑。

2017 年以后,国内的被动式建筑逐渐被各地政府部门重视起来,开始有较多的省市地区推行被动式建筑。不过,由于我国对被动式建筑的认识和发展较为迟缓,因此国内的被动式建筑市场相较于国外发达地区存在着相当明显的发展滞后问题。我国的被动式建筑除了没有成熟完善的相关政策、标准规范以外,还存在区域发展不平衡的问题。目前,大多数地方政府都推出了推广激励政策,但这些政策对于开发商和购房者的引导效果以及激励效果不佳。同时,激励政策比较模糊,没有制定激励政策的理论依据。除了区域发展的差异外,地方政府提供的激励措施也是影响区域被动式建筑发展的关键因素。

因此,为了有效推广被动式住宅的市场应用,除了需要制定完善的法律法规技术规范,发展改进相应的绿色技术以外,因为被动式住宅所具有的外部经济性、准公共性等特点,还需要有合适的推广方法提供支撑。

3.1.2　基本原理

建筑围护结构的保温层做到一定的厚度时,能最大限度地减少建筑中的能量损失。凭借此方法,冬季室内温度可以通过建筑自身的热量保持在 22 ℃左右;夏季则可以将太阳辐射挡在室外。

室内外窗不仅可以通过日光满足室内的照明要求,有效降低室内照明的电耗,还能阻挡红外线通过它们进入室内,从而最大限度地降低了冷负荷。外窗在满足照明要求的同时,可以降低窗户的传热系数,从而减少窗户的传热。

3.1.3　与传统建筑的差别

被动式建筑与传统建筑的差别如表 3.1-1 所示。

表 3.1-1　被动式建筑与传统建筑的区别

差　　别	被 动 式 建 筑	传 统 建 筑
设计理念	综合自然环境、能源消耗以及居住舒适度	仅考虑建造的经济性
结构建造	通过一定的技术,自身调节室内空气质量和温度,有较好的舒适度	结构较封闭,需要设备辅助调节室内温度和空气质量
效益追求	追求环境、社会和经济整体的综合效益	只看重眼前的直接利益
功能追求	保证较高居住舒适度的同时,降低对环境的破坏性	满足居住需求即可
材料选用	可以重复利用的建筑材料	大多为一次性材料

（1）传统建筑的设计、生产和选材往往只考虑到前期的经济投资,导致建筑不仅消耗大量的能源,而且不能最大限度地满足居住者的生活需求;被动式建筑是根据当地的自然资源和环境来设计和建造的,能够与之相协调,最大限度地提高居住条件。

（2）传统建筑在结构上是封闭的,室内环境会对居住者的健康产生不利影响;而被动式建筑采取一定的技术措施改善了室内外环境的沟通,并能通过设计,根据室内条件调节室内温度、湿度和空气质量,不需要人为主动干预。

（3）虽然建筑的最终目的都是使效益最大化,但被动式建筑更关注建筑的整个生命周期,旨在实现环境、社会和经济效益的整体累积,而不仅仅是只关注直接效益。

（4）传统建筑往往只关注居住功能,而忽略了环境保护的重要性;被动式建筑本质是基于可持续发展的理念的建筑,能够因地制宜,低碳环保。

（5）传统建筑建设中使用的建筑材料大多是一次性材料,在报废的阶段产生大量垃圾,不仅造成了浪费,还污染了环境;被动式建筑的建筑材料为可以循环利用的材料。

3.2　关键技术

设计被动式建筑时,应根据当地的气候、自然资源和其他条件,对建筑围护结构进行有针对性的、有目标的设计,因为被动式建筑不仅需要具有良好的隔热性能,还需要具有良好的气密性。被动式建筑通过采用新风系统和热回收技术来降低能源消耗和提高生活居住质量。

3.2.1 高效保温的围护结构

为了实现高水平的隔热效果,高储热和厚重的材料被选择作为被动式建筑内部的墙体材料,以提供有效的防寒和防热保护,降低热量辐射。由于隔热性和气密性得到了一定提高,热传导造成的能量损失也得到了减少。保温设计的核心是保证外墙保温系统的质量[48]。

被动式建筑是综合利用被动式技术的建筑,其主要技术特征有保温隔热性能更高的非透明围护结构、保温隔热性能和气密性能更高的外窗、无热桥的设计与施工和建筑整体的高气密性。上述技术可以减少围护结构的热损失能耗。总之,围护结构是最重要的被动式技术,它是室内外环境隔绝的屏障,其隔热保温能力、蓄放热能力不仅决定了室内热环境的舒适度,还是影响建筑运行能耗的主要因素。

被动式建筑围护结构包括非透明围护结构和透明围护结构。非透明围护结构即外墙、屋面和地面;透明围护结构即外窗。被动式建筑围护结构参数见表3.2-1。通过表3.2-1可以看出,纬度越高的气候分区,要求围护结构的传热系数越小,而太阳得热系数越大。综合考虑冬季采暖和夏季散热要求,围护结构在炎热地区侧重隔热,而在寒冷地区则以保温为主。为了实现以上性能要求,被动式建筑围护结构需要从结构、材料两个方面展开研究。此外,针对不同热工气候分区,围护结构整体综合设计优化研究也至关重要。

表 3.2-1 被动式建筑围护结构参数

围护结构	参数	单　　位	严寒地区	寒冷地区	夏热冬冷地区	夏热冬暖地区	温和地区
外窗	SHGC	—	冬季 ≥0.50	冬季 ≥0.45	冬季 ≥0.40	冬季 ≥0.35	冬季 ≥0.40
			夏季 ≤0.30	夏季 ≤0.30	夏季 ≤0.15	夏季 ≤0.15	夏季 ≤0.30
外墙、屋面	k	W/(m² · K)	0.10～0.20	0.10～0.25	0.20～0.35	0.25～0.40	
地面	k	W/(m² · K)	0.10～0.25	0.15～0.35	—		

注:表中 k 为传热系数,SHGC 为太阳得热系数。

（1）非透明围护结构。

在现有建筑中,外墙和屋面的热量损失占围护结构总热损失的 70% ～ 80%。因此,提高外墙和屋面的保温隔热性能是建筑节能的有效方式。影响外墙和屋面保温隔热性能的主要因素是其结构和所使用的材料。

从结构上看,被动式建筑外墙主要是设置保温层,通过增加保温层厚度来提高保温隔热性能。被动式建筑屋面除了设置保温层外,往往还设置上下 2 层防水层,在增强保温隔热性能的同时,提高建筑气密性[15]。此外,还有一些针对特殊结构和新结构的研究,为被动式建筑非透明围护结构的发展提供了新的研究思路,如单一墙体材料的外墙自保温系统,该系统能够与墙壁内保温系统相结合,较方便地实现更高的节能要求,是中国墙体节能保温的一种新发展趋势。

从材料上看,被动式建筑的外墙主要采用以模塑聚苯板为保温材料的保温系统,屋面保温则采用抗压强度更高和防水性更好的保温板(如挤塑聚苯板)。除保温层材料外,围护结构本身采用新型建筑材料,能更大限度地提高被动式建筑的保温隔热性能。

国内学者的相关研究主要集中在墙体结构和建筑材料两个方面,学者们不仅通过实验对现有结构和材料进行了性能验证,还开发出了新的结构和材料,对被动式建筑围护结构的研究进行了补充和发展。建议未来学者可结合最新纳米材料技术等进行研究,进一步提高围护结构性能。

（2）透明围护结构。

透明围护结构中,外窗系统是影响围护结构保温性能、防水性和气密性的关键部分,其热损失可达围护结构总热损失的 20% ～ 30%,因此必须采用高效节能的外窗系统。

被动式建筑的外窗常用 5 ～ 6 腔木框或 PVC 塑料型材,填充高效的发泡芯材保温,采用双 Low-E 三玻两腔中空玻璃,玻璃间充惰性气体(氩气或氪气)或采用复合真空玻璃。整窗的传热系数 $k \leqslant 0.8$ W/(m² · K),太阳得热系数 SHGC 维持在 0.5 左右。被动式建筑的外窗是目前市场上性能最优最节能的窗户,综合考虑了窗户的传热系数 k、玻璃的太阳得热系数 SHGC、玻璃的选择性系数等多个控制性参数,既能保温隔热隔声,同时还不影响自然采光。

对被动式建筑外窗系统的研究,主要是从窗墙比和玻璃配置两个方面进行的。影响窗墙比设置的因素有很多,不同气候分区、不同朝向的窗墙比设置都有差别,具体案例需要具体分析。被动式建筑的玻璃配置形式多样,国内学者也对不同玻璃配置在节能和室内舒适度方面的影响进行了大量研究。

（3）围护结构综合设计优化。

中国幅员辽阔，地形复杂，气候跨度大，在《民用建筑热工设计规范》（GB 50176)中，以最冷月平均温度、最热月平均温度为主要指标，将中国分为严寒、寒冷、夏热冬冷、夏热冬暖和温和地区五类建筑热工分区。

中国面积与欧洲整体面积近似，可以参考欧洲各国的经验对中国相应气候分区进行被动式建筑建设。但中国不同气候区对被动式建筑性能需求的影响比欧洲更为强烈，因此对不同热工分区需要制订针对性方案。国内对被动式建筑围护结构综合设计优化的研究主要分为具体研究和综合研究两类。具体研究针对具体气候分区提出的具体优化设置，具有针对性，考虑参数较多且具体，节能效果直观。综合研究是根据全国不同热工分区的气候特征，建立被动式技术适应分区，具有普适性，但具体参数设置笼统，仅为各地被动式建筑设计提供方向。中国被动式建筑围护结构综合设计优化研究面广、内容复杂，目前研究未成体系，仍需发展。

3.2.2 改善建筑的气密性

卓越的建筑气密性是实现被动式建筑能效目标的核心要素之一。提高建筑气密性的好处主要有以下几方面[49]。①这样做能提高建筑能效，减少建筑通过围护结构缝隙散失的冷热量。②这样做可以避免潮气入侵，从而避免水蒸气凝结在建筑构件上结露，损坏建筑构件。③这样做可以提高居住舒适度和质量，提高保温隔热的效果，减少"穿堂风"，显著提高建筑隔音效果。

建筑的气密性由连续无断点的内抹面、防水材料、密封材料构件和密封构造共同形成。被动式建筑设计人员通常需要在建筑平面图中标出包裹空气调节（采暖/制冷）空间的气密层（它可以包裹一栋楼，也可以包裹部分楼层），明确气密空间和非气密空间的界限，从而提前规划和设计可能穿越气密层导致气密层渗漏的管线、结构或构件，尽可能减少事后补救。以下将分析提高建筑气密性的主要措施。

（1）妥善处理不采暖空间与采暖空间的气密性。

我国高层建筑中，楼梯间和电梯间一般布置在建筑平面内部空间，这两部分通常是气密性处理难点，因为楼梯间顶部和地下非采暖空间的底部难以密闭，需要安装高气密性的门窗。其处理方法有两种。①将不采暖楼梯间布置在采暖空间外，从基础处与建筑主体断开。②将楼梯间包含在气密层内，着重考虑单元门、楼梯间顶部以及地下非采暖空间的处理。单元门需要安装气密与保温一体的被动式房门；楼梯间顶部的机械排风出口上方需要加装可启闭的气密窗；地下非采暖空间（车库）的出口处需要设置气密性高的被动式建筑专用门。

（2）重视抹灰。

对于实心墙体，应对室内屋面板、外墙、楼板、门窗洞口进行无断点的 15 mm 厚的抹灰处理。特别是砌块与框架结构交界处要进行连续的抹灰（图 3.2-1），并铺设增强网以防止开裂。对于轻质结构（木结构墙体、屋面等），应在内侧安装气密层薄膜或气密板以形成气密层。对于砌体结构和燃气开关箱或配电箱应在安装前抹灰，安装后存留的狭孔和槽口应用灰浆填实。

图 3.2-1　抹灰

（3）加强门窗洞口的密封构造。

窗（门）框与窗（门）洞口之间凹凸不平的缝隙应填充自黏性的预压自膨胀密封带，窗（门）框与外墙连接处必须采用由防水隔气膜和防水透气膜组成的密封系统。室内一侧应采用防水隔气密封布，室外一侧应使用防水透气密封布（图 3.2-2），从而在构造上强化门窗洞口的密封与防水性能。与传统泡沫胶相比，此类密封布具有不变形、抗氧化、延展性好、防水透气性能好、寿命长等特点。

图 3.2-2　窗户密封构造

（4）防止密封平面被穿透。

应采用专用构件来进行连接和密封处理。如在穿墙管道密封（图 3.2-3）或电缆密封的过程中,应先将管道或电缆放置在专用的气密性套环里,该套环带有自黏性的防水密封布,可以粘贴在墙上,然后再在防水密封布上进行抹灰。如果采用不同尺寸的气密性套环,则可以减少裁剪密封布的工序,使安装更简捷、易操作,洞口的处理更平整清洁。

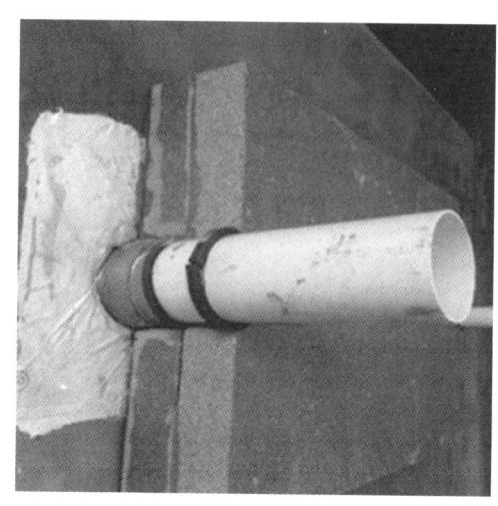

图 3.2-3　穿墙管道密封

3.2.3　无热桥设计

热桥效应(图 3.2-4)是热传递过程中的一种物理效应。热桥是热损失较高的区域,在建筑中通常为外墙和屋面等围护结构中的钢筋混凝土或金属梁、柱、肋等部位。这些部位因传热能力强,热流较密集,内表面温度较低,故称为热桥。如果要将热桥效应降到最低,就必须在相关节点的设计和施工中采取一些措施,例如使保温层包住建筑围护结构、防止构件穿透保温层平面和发生外部突起等[50]。

在无热桥设计方面,目前国内普通建筑相关标准中虽已提及对热桥部位进行额外考虑,但并未提出具体要求,一般仅在热工性能计算时对主断面的传热系数进行修正,得到平均传热系数。然而该处理方法并没有真正削弱热桥效应,热量会集中从热桥部位快速传递出去,从而增大建筑物的采暖负荷及能耗,并可能造成冷凝结露、发霉、空气污染、建筑结构及构件损坏等一系列问题。由于被动式建筑围护结构保温性能很高,热桥对被动式建筑能耗的影响比普通建筑更大,因此在设计被动式建筑时应尽量消除热桥,若不能消除则需进行断热桥处理。

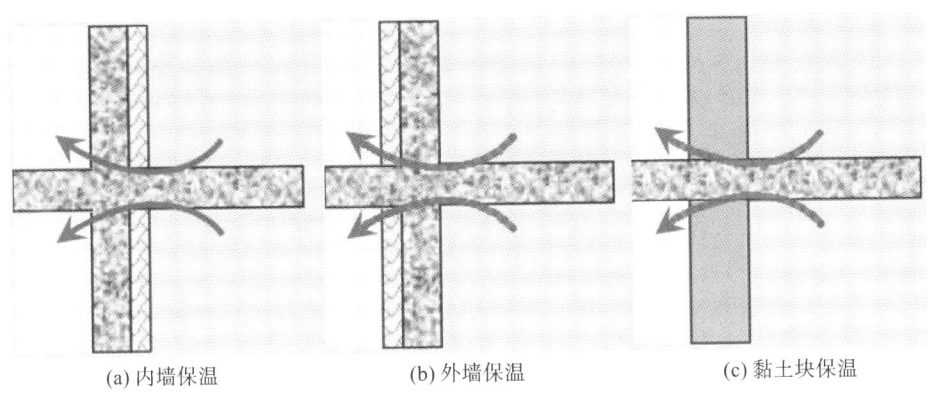

(a) 内墙保温　　　　　　　(b) 外墙保温　　　　　　　(c) 黏土块保温

图 3.2-4　热桥效应

3.2.4　新风热回收系统

新风热回收系统具有新风置换功能和热回收功能。使用新风热回收系统，可以最大限度地利用室内所产生的热量，充分发挥可再生能源的潜力，从而提升室内空气的质量。

热回收装置按照回收排风中能量的类型不同分为全热回收和显热回收两类(图 3.2-5)，其中全热回收型热回收装置的热回收效率受室内外温度差和湿度差的共同影响，而显热回收型热回收装置的热回收效率只与室内外温差有关。我国领土广阔，各地的气候存在较大差异，不同气候区的室外气象条件均有所不同，因此在选择热回收装置时，应综合考虑当地的气候情况、热回收装置的节能效果和经济效果等多种因素，从而确定出合适的热回收装置类型。因此，研究显热回收和全热回收在不同气候区的节能效果和适用性是十分必要的[51]。

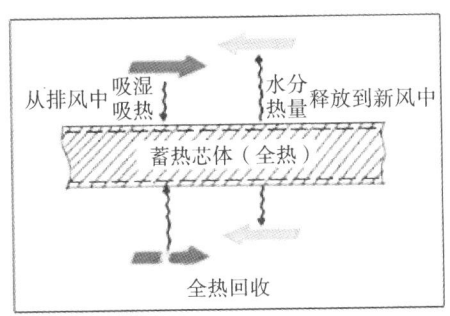
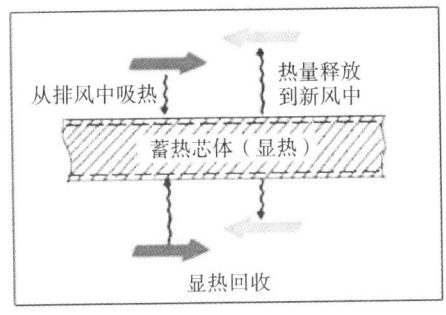

图 3.2-5　全热回收和显热回收

（1）全热回收。

全热回收主要针对双向流的新风热回收系统，使用全热交换器来回收室内的热量，令室内处于相对稳定的温度下。全热回收不仅包括显热的回收，还包括潜热的回收。潜热是指在物质相变过程中吸收或释放的热量，如蒸发、凝结、熔化或凝固。我国北方基本选择全热回收新风系统来防止室内的能量流失，该系统能够更全面地回收热能，包括显热和潜热，从而提高整体能效。

全热交换器通常用于全热回收。全热交换器不仅能传递显热，还能通过材料的吸湿和释湿特性来传递潜热。全热回收系统适用于湿度控制要求较高的环境，如医院、实验室、食品加工和某些工业过程。

（2）显热回收。

显热是指物质在加热或冷却过程中吸收或释放的热量。显热不改变物质的相态（如从固态到液态或液态到气态）。显热回收通过热交换器，将热能从一个流体（通常是空气或水）传递到另一个流体。例如，在通风系统中，排出的暖空气通过热交换器将热量传递给进入的冷空气。显热回收常用于空气处理单元，如空调和通风系统以及工业过程中的热交换，具有结构相对简单、成本较低、能有效减少加热和冷却系统能耗的优点。

3.3　发展现状

2010—2020 年，中国被动式低能耗建筑领域经历了从学习理念、转变观念，到落地项目、制定标准的过程，实现了从政策体系、标准体系、技术体系、产品体系、管理体系、行业组织，到工程项目的全方位的发展，积累了丰富的经验[52]。

3.3.1　政策体系发展

截至 2020 年 8 月，我国各级政府共颁布被动式低能耗建筑鼓励政策 115 项，其中国家层面 13 项，21 个省/直辖市/自治区、16 个城市先后发布 102 项。根据《"十四五"建筑节能与绿色建筑发展规划》，到 2025 年，中国计划完成既有建筑节能改造面积 3.5 亿平方米以上，建设超低能耗、近零能耗建筑 0.5 亿平方米以上。这反映了政府对被动式建筑发展的重视。

3.3.2　工程项目发展

不同气候区的被动式建筑工程项目分布情况如图 3.3-1 所示。

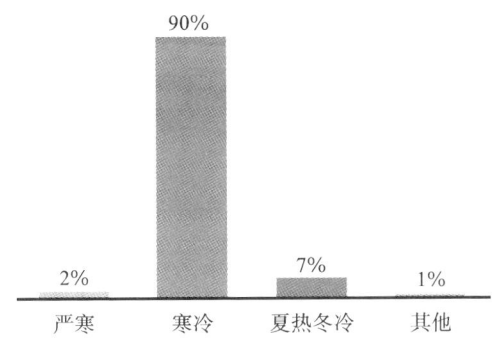

图 3.3-1 不同气候区的被动式建筑工程项目分布情况

　　从分布情况看,我国 90% 的被动式建筑项目位于寒冷地区,且以住宅建筑为主(图 3.3-2)。被动式建筑的推广仍然主要集中在我国北方地区。然而,南方的夏热冬冷地区冬寒难熬,夏热冬暖地区湿热季漫长,主动制冷亦不可或缺。在南方推动被动式建筑,不仅可以解决夏热冬冷地区冬季采暖的民生问题,更可以在夏热冬暖地区实现"低能制冷"。

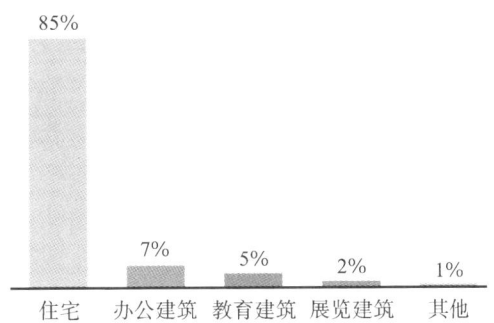

图 3.3-2 不同建筑类型的被动式建筑工程项目分布情况

　　从建筑类型来看,85% 的被动式建筑仍然集中在住宅建筑;其次是办公建筑,占 7%。实际上,被动式建筑相对投资较大,随着相关政策的落地实施,应将发展公共建筑的"被动式"设计作为未来的主要着力点。

3.4　被动式建筑与光储直柔系统的关系

　　被动式建筑和光储直柔系统都是建筑领域节能减排、推动绿色低碳发展的重要技术手段,在实现建筑节能和促进可再生能源利用方面具有内在联系和互补性。

被动式建筑主要侧重于通过建筑本身的设计来最小化对传统能源系统(如供暖、制冷和照明)的依赖,利用建筑的方位、遮阳、隔热、气密性和热质量等被动设计策略来提高能效。被动式建筑在中国发展快速,获得了广泛的政策支持,并在市场中展现出潜力。

光储直柔系统能够提高建筑的能源自给能力,增强建筑与电网的互动性,并促进可再生能源的高效利用。

被动式建筑设计可以通过减少能源需求来减少建筑的碳足迹,而光储直柔系统则通过提供可再生能源和增强电网互动性来进一步减少建筑对传统能源的依赖。

在实际项目中,被动式建筑的设计原则可以与光储直柔系统相结合,共同构建一个既节能又具备高度自给能力的建筑能源系统。

中国政府在推动建筑节能和绿色建筑发展方面,同时鼓励被动式建筑和光储直柔系统的发展,并在"十四五"规划中明确提出了相关发展目标[53-58]。

实际上,被动式建筑与光储直柔系统在理念上是一致的,都是为了实现建筑的绿色低碳发展,二者在实际应用中可以相互补充,从而共同推动建筑行业向更加可持续的方向发展。

第 4 章　主动式建筑

主动式建筑是一种集成了先进科技和智能系统的建筑,能够主动响应环境变化,通过自动化和用户参与的方式优化能源使用、提升居住舒适度,并促进建筑的可持续发展。

4.1　概念与定义

4.1.1　概念来源与发展

2002 年,丹麦威卢克斯集团首次提出"主动式建筑"这一建筑新理念,并协同多家公司、国际建筑师协会等组建了主动式建筑国际联盟,致力于探索和推广主动式建筑。2007 年,丹麦哥本哈根大学启动了绿色灯塔教学楼和生命之家住宅两个项目,标志着主动式建筑的实践开始。2009 年,MH2020 项目启动,旨在建造节能示范建筑,这些建筑须满足欧盟 2020 年的法规要求,以实现零碳排放目标,降低能源消耗。2013 年 6 月,中国完成了其首个主动式建筑示范项目——威卢克斯中国办公楼。2017 年 5 月,中国建筑学会成立了主动式建筑学术委员会,标志着"主动式建筑"概念在中国逐渐受到关注。

主动式建筑将使用者的利益和舒适体验放在首位,通过增强建筑的感知和调节能力,实现健康、舒适、节约资源和环境保护的综合平衡。目前,全球的主动式建筑项目正处于实践、总结经验和推广的阶段,并接受全球范围内的主动式建筑资质评估和认证。这些建筑项目旨在实现室内环境的健康、舒适和安全,同时确保建筑既可以节能又可以产生能源,既环保又健康舒适。

4.1.2　与被动式建筑的相同点与区别

主动式建筑与被动式建筑的相同点在于设计理念相同。尽管仅从定义上看,被动式建筑与主动式建筑似乎呈现出明显的差异,但实际上它们在核心目标上是一致的。这两种建筑的设计理念均为探索并实现人类、建筑物与自然环境之间的和谐共生,深入考虑其对周围环境可能产生的潜在影响,并预见、规避可能带来的危害，实现健康、舒适、节约资源和保护环境的综合平衡。

主动式建筑与被动式建筑的区别主要在于设计重点和评价体系不同。被动式建筑设计和主动式建筑设计都特别强调节能、低碳、舒适。然而，使用"被动式建筑"概念时，更加强调能源节约，注重建筑建造过程，注重不同建筑材料的热工性能；使用"主动式建筑"这一概念时，则是在确保建筑性能的基础上，更注重建筑使用过程中的健康与舒适，即在将能源消耗保持在先进标准的前提下，营造健康、舒适的居住环境和工作场所。主动式建筑的评价应以单栋建筑、建筑群或建筑中的独立功能区域为评价对象。凡涉及系统性、整体性的指标，均应基于该单栋建筑所属工程项目的总体进行评价。

4.2 主动式建筑的设计原则

基于健康、舒适与节能、环保的平衡模式和建筑以人为本的核心理念，主动式建筑包含 4 项设计原则。

（1）软技术与硬技术的结合。

主动式建筑倡导以软技术为主、硬技术为辅的设计原则。软技术包括自然通风策略、自然采光和遮阳措施等，这些技术能够充分利用自然环境，减少对能源的依赖。硬技术则包括高效的设备和材料，为建筑提供必要的硬件支持，从而辅助创造一个既节能又舒适的室内环境。

（2）充分利用自然资源。

主动式建筑的设计智慧在于最大限度地采用自然技术手段。采用该手段一方面需要对自然光和风实现优化利用；另一方面需要对建筑专业软件和大数据进行模拟分析，以实现更精确和人性化的设计。

（3）考虑用户行为。

主动式建筑的设计和运营阶段，特别关注用户行为对建筑性能的影响。因此在设计的过程中，需要考虑用户的活动模式、生活习惯以及对健康和舒适的追求。通过有效的用户行为管理措施，主动式建筑可以引导用户采取更节能和环保的行为，同时也能够提升用户的居住体验。

（4）关注社交属性。

除了关注个体用户的需求外，主动式建筑还强调建筑的社交属性。通过创造有利于用户之间互动和社交的空间，主动式建筑可以提高社区的凝聚力和活力。

4.3　主动式建筑评价标准

主动式建筑引入了雷达图式的指标体系(图 4.3-1),该评价指标体系由主动性、舒适性、能源和环境四大类一级指标组成,每类一级指标均包括控制项、评分项和优选项,评分项由主动感知、主动调节、热湿环境、天然采光、空气质量、建筑能耗、建筑产能、节约用水、环境荷载等二级性能指标构成。

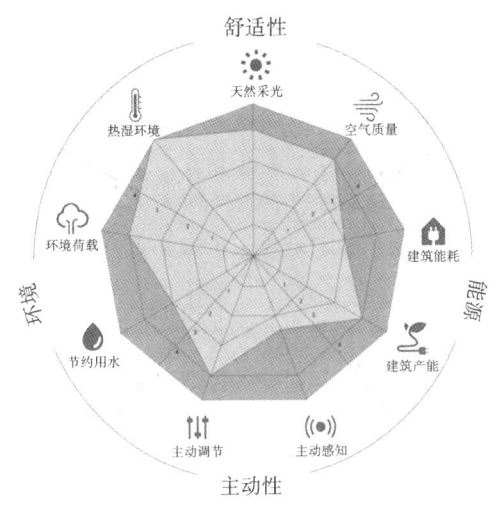

图 4.3-1　主动式建筑雷达图式指标体系

4.3.1　主动性

(1) 建筑主动性指标。

建筑主动性指标是衡量建筑智能化和自动化水平的重要指标,包括环境感知能力、运行调节能力和可视化水平三个方面。建筑应具备主动感知室内外基本环境参数的功能,如温度、湿度、光照强度等,这是实现建筑主动性的基础。建筑应具有根据感知到的环境参数主动调节建筑系统运行工况的能力,如自动调节空调系统、照明系统等,以适应环境变化,提高能效和舒适度。控制系统和室内控制末端的显示界面应简明表达环境参数、设置参数和控制状态,便于用户直观了解和操作,实现人机交互的便捷性。

(2) 主动性的评分项。

建筑主动性的评分项主要从主动感知性能和主动调节性能两个方面进行评估。主动感知性能的评估涉及三个维度:感知参数、感知数据传送和感知数据存储回溯。具体来说,主动感知参数不仅包括室内感知参数,如温度、湿度、CO_2 浓度、$PM_{2.5}$ 浓度、VOC 含量、照度和噪声,而且还包括室外感知参数,如温度、湿度、风速、风向、太阳辐射强度、$PM_{2.5}$ 浓度、CO_2 浓度、噪声和降水强度。除上述两者外,主动感知参数还包括室内感知空间占比,即有感知功能的建筑面积占主要功能房间总面积的比例。

主动调节性能的评估则包括五个维度:温湿度调节、照度调节、CO_2 浓度调节、$PM_{2.5}$ 浓度调节和室内噪声水平调节。这些调节性能反映了建筑根据感知到的环境参数变化,自动调整相关系统以维持室内环境的舒适性和健康性的能力。

(3)主动性的优选项。

在评价建筑的主动性优选项时,主要从以下几个方面进行考量,以确保建筑既满足功能需求,又能够促进社会交往和环境融合。

主动式建筑数据的开放性是关键指标。优秀的主动式建筑应具备读取、公示和分析使用者评价数据的能力,并将这些数据向公众开放,增强数据透明度。

功能适应性是建筑设计的重要组成部分。主动式建筑应该具备高度的适应性,能够根据不同环境和用户需求进行调整。

适变性也是评价的重要标准。主动式建筑应设计有灵活的空间尺度、用途和结构性能,以适应未来可能的变化和需求。

在设计理念上,主动式建筑应结合当地建筑的传统智慧或自然元素,与周围的环境协调统一。

设施布局也是不可忽视的一环。主动式建筑内部应布置有绿植,以及运动健身、文化艺术等设施,以丰富使用者的生活体验,促进身心健康。

4.3.2 舒适性

建筑舒适性是衡量建筑环境质量的重要指标,它直接影响到使用者的身心健康和工作效率,因此在建筑设计中需要综合考虑多个方面。

(1)建筑舒适性的重要组成部分。

采光设计是提升建筑舒适性的关键因素之一。主动式建筑应采用天然采光,通过采用大小合适的窗户并对其合理进行布局,确保主要功能房间的大部分区域都能够被自然光照射。这不仅能够提供舒适的视觉环境,还能减少对人工照明的依赖,节约能源。在特定季节,建筑应保证主要功能房间有足够的日照时间,这有助于调节人体生物钟,提升室内环境的舒适度。

照明系统的设计同样不容忽视。建筑设计应整合天然与人工照明,实现照明的协调与优化。同时,应考虑防眩光措施,以保护居住者和使用者的视觉健康。

热湿环境的设计也至关重要。建筑应进行热湿环境设计,通过采用合理的隔热保温措施并进行温度控制,满足室内舒适度的标准要求。这有助于创造一个温暖、干燥、舒适的室内环境,提高使用者的满意度。

通风与空气质量也是建筑舒适性的重要组成部分。建筑应利用自然通风,同时确保室内空气质量达到规定的标准。良好的通风系统可以提供新鲜的空气,减少室内污染物的积累,提升空气质量。

噪声与隔声也是建筑舒适性的重要考虑因素。建筑的主要功能房间应控制噪声等级,并具备良好的隔声性能。这有助于创造一个安静、舒适的室内环境,减少外界噪声的干扰。

（2）建筑舒适性的评分项。

建筑舒适性的评分项包括天然采光性能、室内热湿环境、室内空气质量。天然采光性能包括天然采光系数和均匀度系数子项,其中均匀度空间细分为用眼空间和其他空间。建筑室内热湿环境性能指标包括主要功能房间的室内作用温度和室内空气相对湿度子项。室内作用温度分采暖季、过渡季、制冷季,并按照住宅建筑和公用建筑分别制定评分标准。建筑室内空气质量性能指标包括主要功能房间的 CO_2 浓度和 $PM_{2.5}$ 年均浓度。

（3）提高建筑舒适性的方式。

要进一步提高建筑的舒适性,可以从多个角度进行考虑。通过合理的建筑结构设计,可以有效地减小室内外温差,保持室内温度的稳定,从而提高居住者的舒适度。其次,良好的通风系统与采光也是不可或缺的。通过自然通风或机械通风,可以确保室内空气的新鲜和流通,减少室内污染物的积累,提升空气质量。合理的窗户布局和大小可以引入充足的自然光,减少对人工照明的依赖,同时还能节约能源。具体可以通过以下方式来进一步提高建筑舒适性。

①视景窗设计。

建筑设计应考虑周围景观,合理布置视景窗,确保主要功能房间内 90% 以上的区域里在工作或处于休闲状态的人员能够无明显变形地直视室外景观。

②卫生间与楼梯间采光。

卫生间和楼梯间应合理设计,以确保充足的天然采光。

③暖通空调、通风口与气流组织调节。

主要功能房间的暖通空调系统应允许现场调节,空调通风口应合理设置,优化室内气流组织,以适应不同的使用需求。

④声学设计。

应对主要功能房间进行专业的声学设计,以提升室内声环境质量。

⑤座椅与工作台面调节。

应使用可调节高度的座椅和工作台面，以适应不同用户的舒适度和工作需求。

4.3.3 能源

建筑能源的管理和优化是实现可持续发展的关键环节。首先，建筑必须符合节能标准，主动式建筑应遵循国家现行的节能设计标准，这些标准涵盖了公共建筑以及不同气候区域的居住建筑节能设计要求。其次，建筑设计应优先采用被动节能措施，通过优化建筑的空间布局和提升围护结构性能，有效降低建筑的能源需求。此外，建筑应进行综合的可再生能源设计，并对其经济合理性进行分析，确保其可持续性。

在建筑的气密性和热桥处理方面，建筑需要进行专项设计，并在竣工后进行相应的测试，以确保建筑的密封性能和保温性能，这样做有助于提高建筑的能源效率，降低能耗。

在评分方面，建筑能源的评分项包括能源利用效率和是否采用自然通风降温技术。建筑设备及系统的能源利用效率应不低于国家现行有关标准规定的 2 级能效要求；而自然通风降温技术的应用则有助于减少对人工制冷的依赖，进一步提升能源效率。

4.3.4 环境

在建筑环境管理方面，控制项和评分项的设立旨在推动建筑项目实现环境友好和资源节约的目标。

（1）控制项。

全寿命周期环境影响分析是关键的控制项之一，主动式建筑项目必须进行全寿命周期的环境影响评估，并将评估结果用于优化建筑设计，以减少对环境的负面影响。

用水效率也是控制项的重要组成部分，建筑项目应合理利用场地内的非传统水源，并且用水器具的效率需达到国家现行有关标准规定的 2 级及以上，以确保水资源的高效利用。

（2）评分项。

在评分项方面，环境载荷和节约用水是评估建筑环境表现的两个重要指标。建筑项目应采用对环境友好的建筑材料和能源方案，进行全寿命周期的碳排放分析，并确保年节水率达到有关标准要求的先进水平。

为了进一步提高建筑环境的可持续性，材料的可循环性与再利用性也是评分项,建筑施工应优先采用可再循环材料、可再利用材料以及利废建材,促进资源的循环利用。

绿色建材标识也是评分项之一,施工中应使用具有国家绿色建材标识的建筑材料,确保同类建材中获得绿色建材标识认证的产品重量占比达到80%以上。

施工过程中对环境的影响需要通过评分项进行评估,采取有效措施减少施工过程中对场地及周边生态环境的负面影响,包括减少化学物品的使用和泄漏。

可持续建造技术也是评分项中的一个重要方面,施工过程中应采用可持续建造技术,提高施工的环保性和建筑的长期可持续性。

4.4　主动式建筑的应用案例

4.4.1　中国建筑科学研究院近零能耗示范建筑

中国建筑科学研究院近零能耗示范建筑(图 4.4-1)以"被动优先减少需求、主动优化提高能效"为指导,发挥智能化运行管理的优势,充分调动各项建筑节能技术协同运行,实现"近零能耗",走出了我国建筑节能的自主之路。该实践在建筑设计上,采用一体化设计方法,提高建筑外墙保温性能、外窗保温遮阳性能以及建筑气密性能,从建筑方案出发控制建筑负荷。在能源系统上,该建筑通过对暖通空调系统与高效照明系统的设计优化,提高系统综合效率。在可再生能源利用上,该建筑优化能源系统运行策略,充分利用太阳能和地热能,减少化石能源消耗。在能源管理与楼宇自控上,该建筑结合建筑室内环境需求,采用智能化运行管理系统,实现系统和设备的精细控制和优化运行。在行为节能上,该项目健全完善规章制度,将系统引导和行为自愿相结合,增强人员节能意识,培养节能习惯,减少能源浪费。该实践建筑面积 4025 m^2,全年运行耗电量为 34.2 $kW \cdot h/m^2$,其中空调系统和照明系统全年能耗为 21.6 $kW \cdot h/m^2$,土壤源热泵运行效率高达 5.1,太阳能吸收式制冷机运行效率为 0.65。

4.4.2　高碑店列车新城项目

高碑店列车新城项目(图 4.4-2)位于河北省,该项目展示了主动式建筑理念在能源效率方面的实际应用,被称为"示范超低能耗建筑园区"。该项目采用

图 4.4-1　中国建筑科学研究院近零能耗示范建筑

图 4.4-2　高碑店列车新城项目

高效节能设计策略,显著降低了能源消耗。例如,该项目采用建筑一体化光伏技术,使其至少 10% 的建筑表面用于生产可再生能源。智能建筑系统的实施预计可提高该项目能源使用效率约 20%。此外,通过绿色交通系统规划,预计减少了该项目 30% 的交通能源消耗;而雨水收集和中水回用系统的建立,提高了该项目水资源的循环利用率至少 40%。这些量化数据证明了该项目在能源效率上的成就,并展示了主动式建筑该如何通过综合考虑能源、水、交通和建筑材料等多个方面,实现环境的可持续性与居住的舒适性。

4.4.3 威卢克斯中国办公楼

威卢克斯中国办公楼(图 4.4-3)位于河北廊坊经济技术开发区,是主动式建筑理念在中国的实践案例。该建筑以其卓越的能源效率,成为中国办公楼建筑节能的典范。其年电耗水平为 33 kW·h/m²,远低于同类建筑的平均能耗。该建筑采用梯形设计,通过智能立面设计和门窗布局,实现了被动式太阳能供暖和自然通风的平衡。室内气候控制和自然通风系统是其能效提升技术的核心。该建筑中庭采用 VMS 商用天窗,与立面威卢克斯窗形成采光带,减少了人工照明的使用。其办公楼采用了多种能源效率技术,包括建筑主动蓄热/冷系统、高效保温隔热围护结构、太阳能集热器、智能控制的室内外遮阳帘和热泵技术,显著提升了建筑的能效。

图 4.4-3 威卢克斯中国办公楼

4.4.4 若尔盖暖巢项目

若尔盖暖巢项目(图 4.4-4)位于阿坝藏族羌族自治州若尔盖县下热尔村,由中国建筑西南设计研究院有限公司设计,荣获 2020 Active House Award 总冠军奖。该项目针对高原高寒地区的气候特点,采用了创新的被动式太阳能采暖技术,实现了建筑采暖的零碳排放。其设计亮点包括南侧集热墙体系,该体系通过将阳光照射到有玻璃罩的深色蓄热墙体上,利用热压作用使空气流入室内供热。该项目还采用了重质墙体和喷涂聚氨酯保温层以及特殊的负压立体旱厕设计,确保了冬季最冷月份的正常使用。

图 4.4-4 若尔盖暖巢项目

4.5 主动式建筑与光储直柔系统的关系

在当代建筑领域,"主动式建筑"的概念逐渐成为推动建筑可持续发展和提升能源效率的核心。主动式建筑能够主动响应外部环境变化并通过集成智能系统优化能源使用。而光储直柔系统作为实现建筑能源自给自足的关键技术,与主动式建筑的设计理念紧密相连,为建筑的能源管理提供了新的策略。

主动式建筑通过集成智能控制系统,实现了对建筑内部能源消耗的实时监控与调节。这种控制机制不仅覆盖了照明装置、空调等传统能源消耗设备,还覆盖了光储直柔系统中的光伏发电与储能设备。智能调度系统根据实时能源生产与消耗数据,对能源使用进行优化,从而减少对外部电网的依赖。光储直柔系统的应用主要体现在能源生产、能源存储和需求响应三个方面,通过在建筑表面安装光伏板,直接将太阳能转换为电能,减少对化石燃料的依赖;储能系统储存过剩的光伏发电量,供夜间或光照不足时使用,提升能源自给自足的能力;柔性用电设备使建筑能够根据电网的需求变化,调整自身的能源消耗模式,实现需求侧管理。

光储直柔系统与主动式建筑的结合,不仅增强了建筑的能源自给自足能力,而且通过智能调度系统实现了能源的高效管理和优化。这种结合显著提高了整体能源效率,有效降低了运营成本,减少了温室气体排放,促进了环境的可持续发展。同时,需求侧管理为电网提供了必要的支持,增强了电网的稳定性和可靠性。光储直柔系统与主动式建筑的结合为建筑的可持续发展提供了有效的策略,同时也为电网的现代化和智能化做出了积极贡献。

第 5 章　光储直柔系统资源优化配置及协同运行研究

前述章节主要从光储直柔系统概述及被动式建筑、主动式建筑等概念的角度对光储直柔系统以及目前的建筑节能措施与光储直柔系统之间的关系进行了大致叙述。本章将从光储直柔系统的资源优化配置及协同运行研究方面进行理论方面的深入探讨，旨在通过对光储直柔系统的容量优化配置及整合规划，提高整体系统的供电可靠性和建筑运行经济性。

5.1　研究意义

光储直柔系统的关键在于提高能源利用效率以及资源分配的合理性。光储直柔系统实则为含高比例分布式新能源的柔性微电网[59]，但与传统微电网不同，光储直柔系统的研究对象为建筑体，为了提高能源利用效率，在运行过程中光储直柔系统需考虑建筑参数约束以及不同设备功能的协同优化运行原则进行设备的优化配置。因此，针对建筑本身的特点与光储微电网的柔性协同优化研究主要面临以下科学问题。

（1）考虑综合效益最大化的光储直柔系统建筑微电网优化运行方案亟待探究。

光储直柔系统（图 5.1-1）主要包括分布式光伏、户用储能、建筑低压交/直流微电网以及柔性可控的建筑内电力负荷。光伏组件通常可装配在建筑顶面或朝阳立面，屋面光伏组件可根据建筑所在地区的最佳光伏倾角进行装配，朝阳立面通常以光伏幕墙的形式以垂直角度装配。光储直柔系统亟待优化的原因有以下几点。①光伏组件的倾角将影响实际发电效率，光伏组件的装配面积将影响最终发电量，光伏组件的具体配置须结合建筑的自身结构进行确定。②建筑负荷的运行曲线与光伏组件出力曲线不能完全重合，需要储能系统来平抑光伏组件的波动，然而储能系统在充放电的过程中存在部分损耗，当光伏组件出力大于负荷需求时，用户须权衡应与电网交易还是用储能蓄电。③建筑内负荷如何根据当地电价政策、光伏组件出力情况进行柔性用能的方法尚未探明。

建筑的综合效益主要由经济效益、社会效益和环境效益确定[60-61]：建筑通

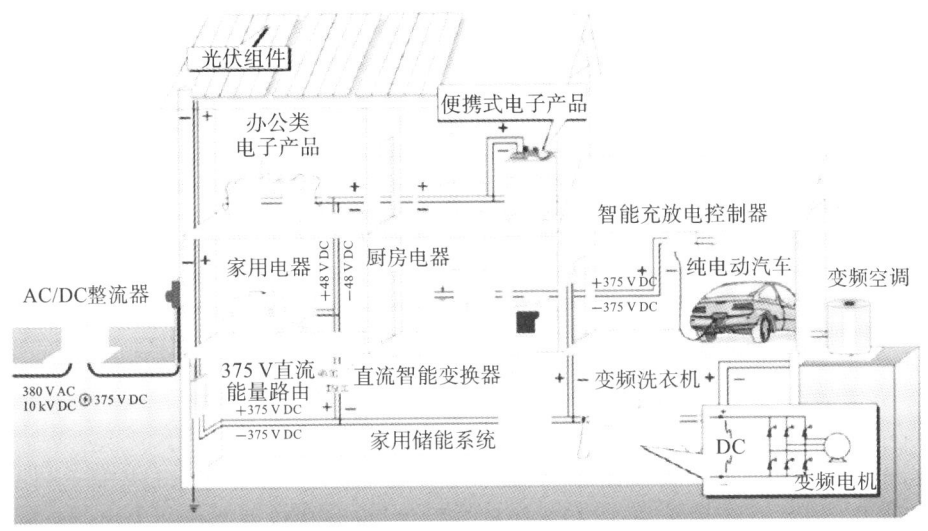

图 5.1-1　运用光储直柔系统的新型建筑

过光储直柔系统实现了电能的自给,可减少向电网购买电力的费用,从而提升经济效益;光储直柔系统体现了建筑环保和低碳节能的特点,提高能源的利用率与再生率,从而增加了环境效益;进一步地,光储直柔系统能够间接减少电厂生产的高碳排煤电,从而增加了社会效益。目前已有研究中其优化目标主要是从经济性角度来考虑的,较少涉及建筑参数约束以及建筑的综合效益,而这一方面恰好是光储直柔系统建筑微电网区分于其他电力系统的特点所在,也是光储直柔系统建筑微电网优化运行亟待深入研究的重要意义所在。

（2）多元共享的光储直柔系统建筑微电网柔性协同运行策略有待深入研究。

城市等人口密集区域用地紧张,建筑结构多样化,导致了光照资源分配不均匀。光照资源充足的单体建筑具有良好的配置条件,然而较高的建造/改造成本成为限制其进一步发展的瓶颈之一。实际上,装配有光储及充电设备的居民建筑、商业建筑或与其他光照资源不足的建筑进行共享协同运行能够为广泛的电动汽车提供临时共享服务,一方面能够提高新能源在荷端的渗透率以及就地消纳能力;另一方面能够合理分配资源,实现建造成本分摊共享。目前,共享研究较少具有针对性,故基于建筑自身特点（如不同建筑类型、全生命周期评价理论）探讨建筑微电网的柔性协同运行（图 5.1-2）具有重要指导意义。

因此,本书以最优化理论与方法为核心理论基础,从提高运用光储直柔系统的建筑综合效益与资源分配合理性的角度出发,以优化单体建筑→多元共享

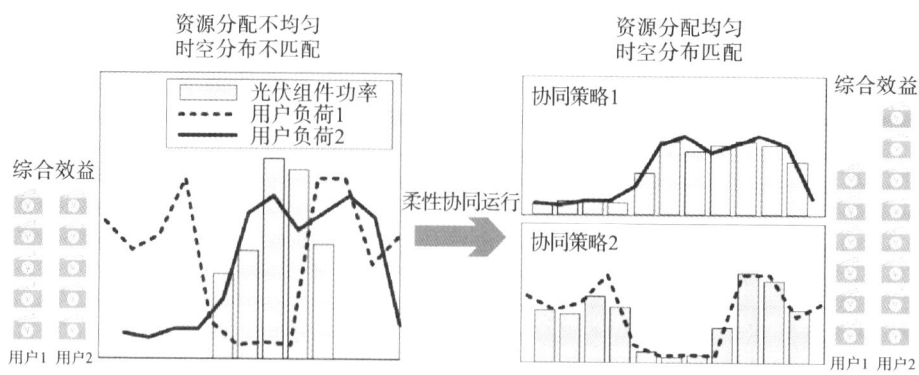

图 5.1-2　柔性协同运行

共赢的研究思路,拟围绕一系列的光储直柔系统优化运行策略展开研究。本研究既顺应国家"双碳"战略的核心理念和发展趋势,符合国家重大技术需求,能够提升行业研究应用水平,支持集团创新发展,推动建筑电气化技术进一步发展,具有重要的科学意义和应用前景。

5.2　国内外研究现状

将新能源技术引入和应用于建筑中是建筑行业发展的重要方向。建筑光伏技术是目前建筑新能源的主要来源之一。建筑光伏技术、智能建筑微电网技术、储能技术、被动式建筑的联合应用,将促进建筑电气化的发展,使建筑物达到电能供给和使用的长期平衡,有望最终实现近零能耗。

国外对于光伏建筑的研究最早可以追溯至 20 世纪。1991 年,德国旭格公司推出了"光电幕墙",将太阳能光伏阵列作为建筑构体与建筑艺术的空间构体相结合,在此基础上德国、美国、西班牙等国家逐渐建成了大量的光伏建筑一体化系统工程[63-67]。日本国土面积狭小,化石能源稀缺,1994 年,日本政府开始实施"新阳光计划",促使光伏发电系统逐渐进入日本普通百姓家庭[62]。

近年来,国内的研究院、企业逐渐开展了新能源建筑的研究和建造工作。深圳市建筑科学研究院于 2019 年在深圳市未来大厦 R3 模块建成了使用光储直柔系统的集成示范建筑,其中配置了 150 kW 的光伏发电系统、电池储能系统、直流空调多联机系统、LED 照明系统、直流充电桩等。除此之外,青岛奥帆中心也率先宣布成为全国光储直柔系统的先行试点,山西芮城县庄上村宣布将使用光储直柔系统打造全国首批零碳村[68-69]。

新能源建筑微电网能够有效降碳节能,但是高昂的设备建造费用也成为限制其发展的瓶颈之一,因而许多研究者正在致力于探讨如何能够让接入新能源的微电网实现最高的"性价比"。现有研究主要从以下几个方面进行探讨。

5.2.1　微电网优化规划及运行调度研究

微电网作为综合能源系统的主要载体,可配置多种分布式能源、储能等装置,进而高效、灵活地为用户负荷供能。根据运行模式分类,微电网包括并网运行模式以及孤岛运行模式[70]。

当微电网处于并网模式时,微电网将与上层配电网进行交互,需要考虑含高比例分布式新能源配电网对电力系统的一系列影响,最终实现微电网群与配电网的共赢。此时的目标函数主要为削峰填谷、减少功率波动、提升电能质量、减少运行成本、促进新能源消纳等;约束条件主要为系统内功率的供需平衡及联络线约束。Lu 等人对配电网和微电网群之间的能源管理提出了两级优化模型,上层模型考虑配电网的运行,而下层则考虑多个微电网间的协调运行,该模型通过改进的递阶遗传算法求解[71]。Liu 等人提出的能量管理策略在将包含多个微电网的配电网中的总能源成本降至最低的同时,明确考虑实际的运行约束,并采用了 ADMM 分布式算法求解[72]。Wang 等人在电力市场的背景下制定了互联自治微电网间的能源交易和调度策略,各微电网旨在优化自身性能并期望通过能源交易获得收益,通过纳什议价理论设立激励机制,并采用分散式的求解方案[73]。

当微电网处于孤岛运行模式时,需要在没有主电网充足供电的情况下实现能源侧与需求侧的能量平衡。为了解决这一问题,大部分研究通过设立运行约束、采用经济调度的方法来最小化总运行成本。例如,陈艳波等人提出的一种考虑需求响应与储能寿命模型的火储协调优化运行策略,以净负荷波动最小为上层优化目标,以系统总调度成本最低为下层目标来求解最优运行方式[74];汪致洵等人提出了适应于海岛独立微电网的交直流混合风力发电系统及其优化调度策略,从而降低海岛微电网的综合运行成本[75];黄弦超提出了一种考虑日前市场和日内市场的协调优化调度方法[76]。

根据分布式能源的种类进行分类,微电网包括以冷热电联产为主要供给方式的综合能源系统以及以光伏和储能协同互补为主要研究对象的光储微电网系统。

综合能源系统集成了供电、供热和供气等系统,形成以天然气为主、多种能源互补的运行模式,成为当今研究微电网清洁能源发展的主要方向。但是,多种能源形式的接入为需求侧带来了较大的不确定性。在单一的电力系统中,电力负荷的需求只通过电力便能得到满足。相较之下在综合能源系统中,用户的负荷需求同时包含电、热等不同能源形式，且不同形式之间相互耦合。例如，制热的需求可以既由电热空调或热泵消耗电力来实现，也可通过区域供热系统即电热联产机组消耗天然气来实现。因此，该能源系统的互补替代效应给无论是在正常运行或是紧急状态运行的需求侧带来了巨大灵活的策略优化空间，但也为其与综合能源传输系统的配合与可靠运行带来了不确定性。为此，国内外学者进行了大量的研究。叶林等研究了包含冷热电联供（combined cooling heating and power，以下简称 CCHP）系统和热网的多区域规划问题，建立了多区域 CCHP 系统容量协同优化配置线性规划模型，仿真结果表明该模型可大幅提高燃气轮机利用率，降低燃气锅炉配置容量[77]。陈振宇等研究了考虑电力系统和天然气系统边界条件约束的集成能源系统规划问题，采用 Benders 解耦将混合整数非凸非线性规划问题简化为双层主、子问题，仿真结果表明电-气联供系统比分供系统更具经济性[78]。陆继翔等人用场景分析法对含 CCHP 系统的区域综合能源系统建立了包含能源转换设备、能源储存设备的规划模型，得到了系统内各个单元最佳出力、机组组合和不同调度模式下总运行成本[79]。肖白等提出了一种同时耦合电力网、天然气网和交通网的能源集线器模型，提出了兼顾系统建设运行成本、慢充站充电时间效用函数和快充站交通流量效用函数的综合能源城市配网规划方法[80]。胡玉可等提出一种 CCHP 系统的三级协同优化方法，分别以一次能源利用率最高、年 CO_2 排放量最少、年运行成本最低为目标，采用粒子群算法进行设备选型[81]。吴倩红等提出了一种整体能源供应网络水平的模型，以内燃机等设备作为电-气耦合枢纽进行规划，研究表明其一次能源消耗相比分供系统减少 $6\%\sim10\%$，成本减少了一半[82]。Tang 等人提出了一种包含变电站扩建、CCHP 系统、燃气锅炉、空调设备建设的主动配电网模型，并考虑极端负荷对供电稳定性的影响[83]。

然而，在"双碳"目标约束下，致力于成为我国主体能源的天然气，正面临发展环境的新变化。天然气虽是化石能源中的清洁能源，但在减碳方面相较新能源却不具优势。除此之外，我国的能源结构为"富煤、缺气、少油"，从国际油气市场状况进行分析，天然气不是解决中国能源问题的最终途径，只有靠"能源革命"全面发展新能源，才能解决能源安全、大气污染和低碳发展三大问题。

以风、光、储为主要研究载体的微电网协调控制策略是另一个可行的方案，能实现新能源与储能的互补优化控制。郭力等构建了考虑投资经济性、供电可靠性和环境影响的多目标优化模型[84]；陈健等对考虑储能电池的损耗水平的微电网多目标优化配置模型进行了讨论，对于并网型风/光/储微电网，进一步提出以用户综合经济性最优为目标，研究了不同自平衡能力水平下的优化配置方案[85-86]；李珂等构建了配电网年综合成本最小和运行风险最低的多目标模型,对于微电网规划,进一步提出了在保证投资者经济性最优的同时,还应实现系统运行优化[87];张有兵、刘梦璇等将新能源发电消纳率作为系统运行的优化目标[88-89];田崇翼等研究了多元复合储能用于系统平抑系统功率波动的容量配置方法[90];李建林等分别从经济性和安全性角度分析了储能平抑联络线功率波动的作用[91];茆美琴等分析了微电网储能协调区域间双向能量调度的功能[92]。此外,在储能配置和充放电运行优化的研究中,Alsaidan I 等研究了储能在不同放电深度下充放电对其循环寿命和容量衰退的影响[93]。

实际上,目前的新能源微电网优化研究虽然按照优化目标、时间尺度分成了多个问题,但其本质仍然是以运行成本最小为目标的经济调度问题。另外,现有的微电网优化研究多为普适性研究,较少基于实际的应用场景进行针对性研究。例如,风力发电适用于规模较大的配电网,以光伏发电为主要能源接入是最适合建筑微电网实现新能源改造的方式。另外,考虑到建筑表面积有限,可装配光伏组件的面积有限,并不能够全部以最佳倾角进行安装。为此,本书将针对建筑微电网规模较小、负荷较为规律的特点,结合建筑的评价指标(如可达性、人口、房价等)来研究光储直柔系统的优化运行策略,为后续的研究奠定基础。

5.2.2　考虑共享模式的多微电网协同优化研究

在清洁能源大量接入的情况下,微电网用户从单一的传统用能用户转变成为生产消费型用户,与电网之间的关系从单向关系变成了双向关系,微电网能够自主参与能量交易以获得经济效益[94]。然而,由于单独微电网难以达到市场准入标准,多微电网形成联盟合作进行市场竞争将成为必然趋势。共享经济是指拥有闲置资源的机构或个人,将资源使用权有偿让渡给他人,分享者通过分享他人的闲置资源创造价值。基于共享经济的理论,能够协调不同微电网内部的合作关系,从而制定恰当的运行策略,合理实现内部资源的优化共享。

成本分摊理论是实现共享模式的重要方法之一。目前在成本分摊理论中主要有等分摊法、按收益的主次分摊法、数学规划分摊、博弈论分摊、数据包络分析(data envelopment analysis,简称 DEA)等方法[95]。前三种分摊方法较为简单,即按照某指标进行一定比例的分摊即可,但是这类方法考虑的指标较少,不适合考虑多重指标的情况。博弈分摊方法是目前成本分摊中应用最多的一种方法,而成本分摊在实质上也是一种博弈,即在组织中的不同部分来共同分摊组织的公共成本。DEA 主要采用数学规划的模型进行评价,在多输入多输出的部门或决策单元之间具有相对有效性,是一种非参数的评估方法,同时也是估计生产前沿面的一种有效方法。DEA 的显著特点是其不需要考虑投入与产出之间的函数关系,而且不需要预先估计参数、假设权重,从而避免了主观因素,直接通过产出与投入之间加权和之比,计算决策单元的投入产出效率。正是由于具有这种独特的优势,其在过去多年里得到了长足的发展,取得大量的理论研究与实践应用的成果。因此,DEA 已经成为一种重要而有效的数学分析工具。

随着清洁能源接入规模的不断扩大,多微电网参与电力共享,需要基于成本分摊理论构建多微电网共享合作平台。在多微电网的日前调度计划中,决策流程通常分为三个阶段[96]:一为数据处理阶段,即各微电网上传自身用能特征曲线并下载其余微电网的用能特征曲线;二为优化运行阶段,即综合各微电网的用能特征进行内部优化求取运行策略,上传优化运行策略以及自身优化后的用能曲线,并下载其余微电网的优化运行策略以及优化后的用能曲线;三为决策阶段,即各微电网根据自身利益需求对运行策略进行抉择,并选出最优的运行策略。近年来,博弈论在电力系统领域和能源领域中得到了较为广泛的应用,尤其是在微电网定价机制分析、用户侧行为分析以及微电网能量管理等方面[97-102]。其中,静态非合作博弈和动态非合作博弈在微电网能量管理优化方面的研究成果已颇具规模。作为较为常用的两种成本分摊方案之一,博弈论要求博弈方案明确无误,限制了其适用范围。相比而言,DEA 的普适性更强,决策过程更加简便,然而现有研究很少将 DEA 作为多微电网分摊共享理论的关注重点[103]。

光储直柔系统的运行模式兼具电源与负荷双重特性,可以将电能生产与消费解耦,既能有效解决新能源的反调峰特性,其柔性调节能力也可以通过在时间尺度上转移负荷来削峰填谷、提高供电可靠性以及降低用户购电成本[104]。但在光储直柔系统的推广过程中,由于其成本较高,对于公共建筑的投资方的预期回报不确定,市场盈利模式不明确,普通城市居民用户难以单独支付建造与运行成本,这是多微电网在协同运行中需要解决的重要问题。目前,随着大数据、物联网等技术的逐渐成熟,实时采集、预测各城市用户的用电负荷及需求变得相对容易,这为光储直柔系统的优化调度提供了数据基础。若将共享经济的模式应用到光储直柔系统的优化运行,其建造和使用成本将大幅降低,能够使得光储直柔系统在源荷不平衡时段提升资源的使用效率,提高清洁能源在荷端的渗透率。

为此,本书将基于 DEA 的成本分摊理论,对光储直柔建筑群(后文简称 mPEDF)系统的成本分摊机制进行建模研究,将微电网的源、荷类比于决策过程中的输入、输出,分析所得的效率评估数据,得到 mPEDF 系统的最优分摊方法与运行机制,以共同利益最大化为研究目标,实现共享模式下的协同优化运行。

5.2.3 兼顾电动汽车充电站与建筑特性的选址及协同运行研究

迄今为止,充电难仍然是制约电动汽车市场推广的最大瓶颈,大力推广电动汽车充电桩的规划与建设正是解决该问题的突破口。在已有研究中,充电桩的规划选址大多基于已有城市格局、交通流量信息和配电网结构,考虑物理区域划分以及电力网络结构等方面进行规划。Wang 等人基于集合覆盖的问题,综合最小建设成本通过加权得出充电站建设的解决方案[105];Andrews 等人从充电站容量和充电时间的角度,以电动汽车的驾驶距离最小为目标,构建了选址优化模型[106];Mak 等人通过鲁棒优化模型研究了电动汽车换电站的选址定容问题,以达到费用最小和服务水平最高的目标[107]。综上所述,现有充电桩/充电站在规划布局的研究成果主要体现在三个方面:①基于几何算法确定充电站的服务区域;②在充电站备选站点已给定的情况下,以备选充电站点集为搜索范围,通过改进与应用寻优算法,确定出最佳充电站点;③考虑到用户充电成本和充电站建设成本,通过目标函数,确定充电站的最佳建设规模[108]。

　　然而,随着光储直柔系统的推广,发电量存在冗余的光储直柔系统也能够为城市居民提供便捷的电动汽车快充服务,兼顾建筑和充电站的功能。光储直柔系统不仅能够在光伏发电量充足时促进就地消纳电量,也能为建筑用户增加经济收益,同时也能够解决电动汽车充电难的问题,而现有研究很少对光储直柔系统与电动汽车的协同运行进行深入探讨。

　　当建筑兼顾电动汽车充电站的功能时,应充分结合建筑与充电站的特点进行选址。建筑的选址需要结合建筑类型、城市格局综合考虑,例如商业建筑需要考虑交通可达性、客户吸引概率、商圈繁华程度等,而居民建筑选址需要考虑绿化空间可达性、房价成本、附近基础设施配置等因素。因此,本书将创新性地将光储直柔系统的选址与充电桩规划相结合,研究兼顾建筑与充电站特点的选址方法,结合电动汽车通行数据、可达性等分析指标提出最优的兼顾共享电动车充电服务的光储直柔(以下简称 sPEDF)系统规划选址与电力微电网优化运行方案,利用富余电力为电动汽车用户提供直流快充服务。该方案能够解决电动汽车充电难的问题,减少建筑用户的投资支出,通过共享实现供给侧与需求侧的"双赢"。

5.3　研究内容与路线

　　本书的核心创新思路与技术效果如图 5.3-1 所示。

　　在前期现状的基础上,本书将顺应绿色建筑电气化、低/零碳化发展趋势,突破传统建筑微电网作为单一用能用户的思路,向多元协同优化方向进行研究,以最优化理论与方法为核心,提出光储直柔系统优化配置及协同运行的新

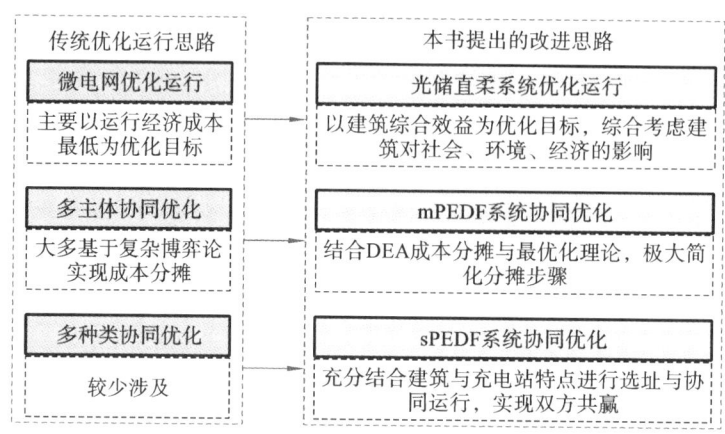

图 5.3-1　核心创新思路与技术效果

理念。该理念有望成为对社会、环境、经济效益最大化的建筑微电网运行方法，能有效提升建筑微电网的综合运行效益，为光储直柔系统在单体建筑微电网及在多元共享下的协同优化提供科学依据，为工程中光储直柔系统的规划与设计提供重要理论指导。

5.3.1　研究内容

光储直柔系统为含分布式光伏组件、分布式储能装置、低压交直流微电网、柔性可控的建筑用能控制系统及可接入电动汽车充电设备的建筑系统，本书的研究将围绕光储直柔系统进行展开。本书的研究内容如图 5.3-2 所示。

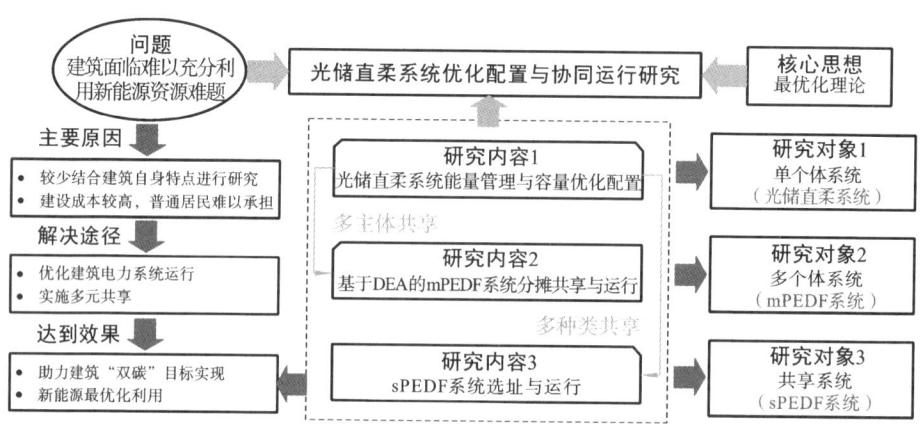

图 5.3-2　研究内容

（1）研究内容 1：光储直柔系统的能量管理及容量优化配置方法。

建筑等荷端用户是社会整体能源消耗的主要单元，为适应高比例的新能源渗透的需求，需要首先深入研究建筑的新能源高效应用系统。因此，本书对以下内容进行深入研究。

①分析光储直柔系统全年能量生产与消耗平衡的近零能耗条件，以低碳排放、全年近零能耗为主要优化目标，建立光储直柔系统的数学优化模型，得出最大化综合效益的优化运行策略。

②以商业建筑、居住建筑、工业建筑为主要研究对象，将多种碳价与碳交易基准线的组合进行分类，分析不同分类组合对应的优化运行策略的综合效益。

（2）研究内容 2：基于 DEA 理论的 mPEDF 系统成本分摊共享策略。

在现实中，单个光储直柔系统由于其较高的建设成本可能会限制新能源技术在用户侧的广泛应用。研究 mPEDF 系统的运行模式能够直接减少建造与运营成本，降低供给侧与需求侧用户的能耗水平，提高能源的利用效率。因此，本书对以下内容进行深入研究。

①以各 mPEDF 系统的光伏出力与负荷曲线为参考依据，分析需求侧用户的用能习惯与供给侧用户的光伏出力特点，评价各需求侧用户对光伏及储能的使用效率。基于 DEA 理论提出 mPEDF 系统的共享成本分摊模型。

②建立光伏出力与 DEA 投入指标、负荷与 DEA 产出指标之间的耦合模型，根据 DEA 计算的投入/产出效率，建立需求侧与供给侧用户的收益分配经济模型。以 mPEDF 系统共同效益最大化为优化目标，研究涉及建筑群共享的协同运行方法。

（3）研究内容 3：sPEDF 系统优化选址及运行。

光储直柔系统不仅能够为用户提供日常的能源供给，随着大数据与物联网技术的发展，可联网的光储直柔系统能够进一步地为广泛的电动汽车用户提供共享充电服务，即在供给侧用户的用电低谷或储能冗余时段为其他电动汽车用户提供短期的快充服务。因此，本书对以下内容进行深入研究。

①基于城市交通流量等大数据，根据不同建筑性质选择绿地空间可达性、交通可达性、用户吸引力等作为选址因素，提出适用于 sPEDF 系统的选址方法。

②在确定建筑选址地点的前提下，基于历史负荷数据分析 sPEDF 系统自身用电需求，综合考虑所在区域的电动汽车渗透率与充电需求，设计兼顾共享直流快充服务的系统协同运行方法。

5.3.2 研究路线

本书的主要技术路线如图 5.3-3 所示。

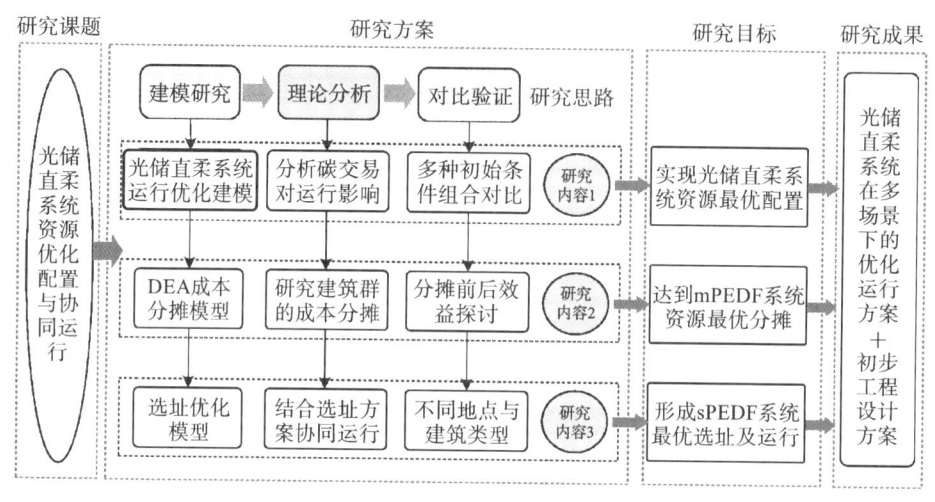

图 5.3-3 主要技术路线

本书围绕如何实现光储直柔系统资源优化配置及协同运行的问题,将充分利用前期研究基础,以"建模研究→理论分析→对比验证"的整体技术思路,以"提出问题→研究问题→分析问题→解决问题"的具体研究路线,采取难点问题重点突破,各研究点循序渐进的研究策略。首先,分别建立光储直柔系统、mPEDF 系统、sPEDF 系统的优化模型,随后探究以光储直柔系统的综合效益(包括经济效益、社会效益、环境效益)最大化为主要目标的单体建筑电能优化与容量配置方法。

本书的具体研究路线如图 5.3-4 所示。

随着新能源渗透率的提高以及物联网、大数据技术的不断发展,光储直柔系统由独立的单体建筑转换为集成共享用能、产能、蓄能多功能体的协同运行。一方面,本书从多主体共享的角度,以兼顾供给侧与共享侧的效益最大化为目标,应用 DEA 理论构建 mPEDF 系统的共享成本分摊模型和收益分配策略。另一方面,本书从多种类共享的角度,提出适用于光储直柔系统选址的改进层次分析法,建立了基于交通可达性、用户吸引程度等决策因素的光储直柔系统选址模型,结合选址结果提出 sPEDF 系统优化运行方法。最后,本书结合工程实际项目,给出了光储直柔智慧展馆的初步设计方案、充电场站的规划选址方案。

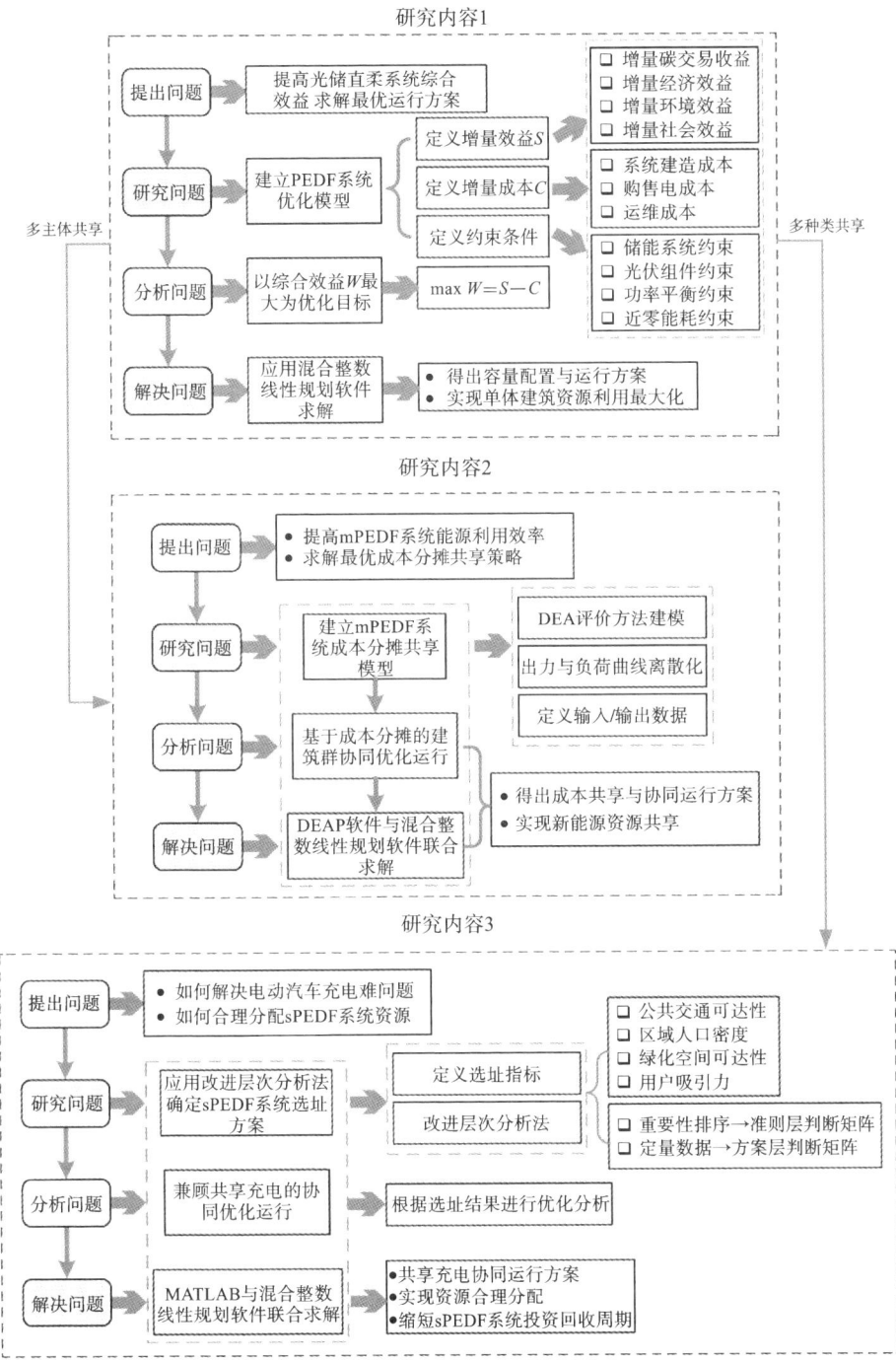

图 5.3-4　具体研究路线

5.4 研究思路

本书拟采取"建模研究→理论分析→对比验证→工程实现"的研究思路开展研究,具体可分为如下部分。

(1) 建模研究。

本书基于常规光储直柔系统微电网模型,以三项研究内容建立单体建筑优化运行模型、建筑群 P2P 能源交易模型以及光储直柔系统-电动汽车联合共享的模型。

(2) 理论分析。

本书需进行深入理论分析的部分主要有以下内容。

①分析碳交易对建筑综合效益的影响。

随着我国统一碳交易市场的不断发展和完善,建筑领域正在逐步纳入碳交易市场的范畴。但目前建筑在碳排放基准线、碳交易平台设置等方面仍然未形成统一定论。本书将碳交易收益 S_c 作为增量效益之一,进一步分析在不同碳价和碳排放基准线组合下,光储直柔系统的碳交易收益 S_c 对综合收益 S 的影响,其具体计算方法由式(5.4-1)~式(5.4-3)组成。

$$S = S_{ec} + S_{en} + S_{so} + S_c \tag{5.4-1}$$

$$S_c = (K_c - K_o)r_c \tag{5.4-2}$$

$$K_o = K_{unit} \eta_{coal} P_{buy} \tag{5.4-3}$$

式中,η_{coal} 为光储直柔系统所在区域电网中的煤电渗透率;K_{unit} 为煤电单位发电量的碳排放;P_{buy} 为光储直柔系统向电网购入的电量;K_c 为碳排放基准线,需要综合考虑人口规模和增长、社会经济结构等因素进行确定;K_o 为光储直柔系统在运行过程中所产生的碳排放;r_c 为碳价;S_{ec} 为经济收益;S_{en} 为环境收益;S_{so} 为社会收益。

②基于历史数据分析建筑群的成本分摊原则。

多建筑在共享运行时,需进一步研究需求侧与供给侧的成本问题。DEA 理论是一种对产出与投入进行相对有效性评价的数量分析方法,因此首先需要采集需求侧用户的历史负荷曲线以及供给侧的日常光伏出力曲线,并将该曲线以小时为单位进行离散化。其次,该理论需要定义各时段的光伏出力、储能系统荷电状态、直流设备应用比例作为投入,需求侧用户负荷作为产出,随后分别应用 DEA 理论计算各时段的投入与产出效率,推导分摊的设备成本。

③结合选址方案进行优化运行。

为了顺利实现建筑系统的共享充电服务,需要首先基于城市中交通、住房价格等大数据来考虑 sPEDF 系统选址问题。恰当的选址能够为 sPEDF 系统的有效运行提供有利的先决条件。选址过程中需要考虑的指标包括交通通行数据指标、交通可达性、绿化空间可达性、区域人口密度、住房价格、用户吸引力、建筑造价成本等，并应根据不同建筑的类型进行决策因素的取舍。最后应用改进的层次分析法进行选址结果的确定，在该选址地点的基础上再实现建筑与共享充电的协同运行。

（3）对比验证。

为了验证所提方案有效性，须将所提内容与如下方案的综合效益进行对比。

在研究内容 1 中：分析不同碳价格/碳排放基准线对光储直柔系统综合效益的影响。选取 4 种不同组合（高碳价＋高碳排放基准线，高碳价＋低碳排放基准线，低碳价＋高碳排放基准线，低碳价＋低碳排放基准线）作为变量，得出最终的优化方案与各效益的对比结果。

在研究内容 2 中：分析在实施成本分摊策略前后对 mPEDF 系统（需求侧、供给侧）的影响，包括综合效益、成本回收年限；探讨供给侧分别为居民建筑、商业建筑、工业建筑的收益区别。

在研究内容 3 中：比较不同选址地点在各选址因素中的评分，得出综合评分最佳的选址地点。分析共享充电对 sPEDF 系统综合效益的影响；考虑在居民建筑和商业建筑两种不同类型下，应用共享充电策略前后的综合效益对比。

以上验证方案将主要以 MATLAB 软件为基础，与高性能数学规划求解器 CPLEX、数据包络分析软件 DEAP、太阳能光伏系统设计软件 PVsyst 等进行联合仿真模拟求解。针对研究内容 1，考虑到该优化求解问题属于 MILP 领域，将应用 MATLAB 联合 Yalmip 平台调用 CPLEX 求解器进行求解；针对研究内容 2，基于 DEA 理论的多投资主体成本分摊方法将应用 MATLAB 结合 DEAP 软件进行求解；针对研究内容 3，将主要应用 MATLAB 编程对电动汽车用户的充电行为进行模拟，在优化中若涉及混合整数线性规划问题则应用 CPLEX 求解器。

（4）工程实现。

依托本书的理论研究成果，相关单位计划在某市的某公园建立光储直柔智慧展馆。该展馆的局部配电系统将被改造为光储直柔系统，应用"白天发电＋储电""夜间用电＋购电"的理念，实现展馆的"近零能耗"，展馆将展示光储直柔系统的能量应用过程，集旅游、教育、科普于一体，进行光伏知识普及、新能源教育，打造全息成像、光伏场景再现、光伏课堂等多种互动体验模式。该项目目前正处于方案设计阶段。

除光储直柔智慧展馆的方案正在研究之外，本书研究成果（充电场站选址方案）还将实施于某市的充电场站建设项目之中。项目位于该市中心城区，辖 A～H 共 8 个城区组团，主要为中心城区电动汽车充电基础设施的建设规划布局。

第 6 章　光储直柔系统运行调控与建模研究

6.1　引言

本章主要进行光储直柔系统的运行机制分析与优化模型研究。运行机制分析与数学建模是优化理论的研究基础。光储直柔系统的优化模型需要建立在现有电力系统微电网建模理论的基础上,结合建筑本身的特点,进一步完善适用于光储直柔系统的优化与协同运行模型。

6.2　研究方法

光储直柔系统为本书的主要研究对象,mPEDF 系统与 sPEDF 系统则为光储直柔系统在多重应用场景下的联合运行模式。光储直柔系统以低压直流母线为主连接线,将光伏组件、储能装置、交/直流负载汇集在小型供配电区域中,各组件之间的通信通过通信母线进行连接。当组件需要交流并网时,柔性供电控制系统发出信号,将组件连接到电力公共母线[109-111]。光储直柔系统结构拓扑如图 6.2-1 所示。

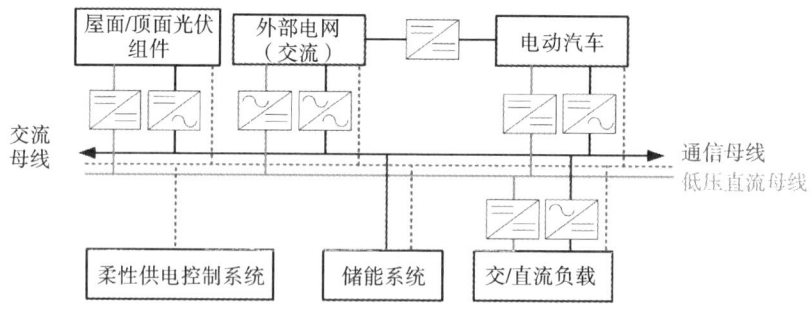

图 6.2-1　光储直柔系统结构拓扑

6.2.1　光储直柔系统概念解析

光储直柔系统的组成如图 6.2-2 所示。

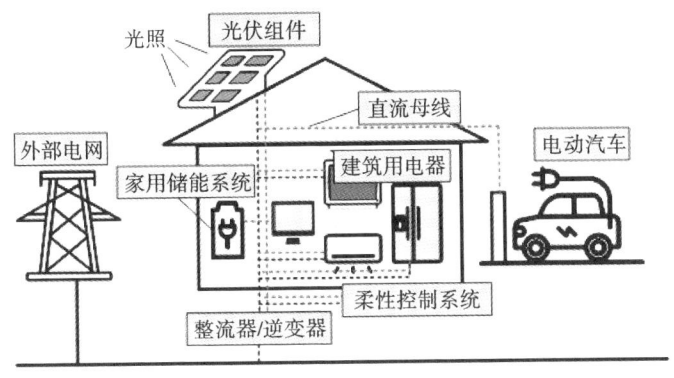

图 6.2-2 光储直柔系统组成

光储直柔系统可通过以下几个途径实现。①推动建筑用电方式从"供给导向"转变为"需求响应"的用电模式,即电气设备根据光伏实际发电状况灵活调整使用时间,发电量充足时及时消纳,反之则暂缓用电或者减少瞬时用电功率。②发展建筑内部储能系统,当电力供给量大于用电需求时储能,而当电力供给量小于电力需求量时则由储能系统提供电能。③利用电动汽车储电能力,将电动汽车充电桩与建筑配电系统有机整合,实现动态平衡,从而灵活满足建筑用电需求。通过灵活运用上述途径,可成功构建出光储直柔系统。其中,"柔"是最终目的,使建筑用电由目前的刚性负载转变为柔性负载,而"光""储""直"是实现"柔"这一最终目标的必要条件[112-118]。

6.2.2 光储直柔系统工作机制

光储直柔系统工作机制如图 6.2-3 所示。

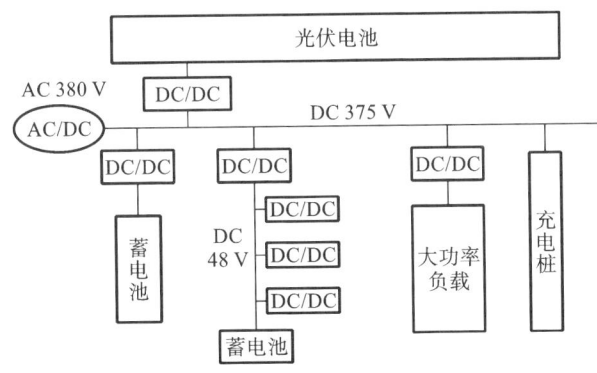

图 6.2-3 光储直柔系统工作机制

根据电网的电力供需关系,设光储直柔系统某时刻的用电功率为 P_0。直流母线输入功率为 P_0+P_v,其中 P_v 为光伏发电的输入功率。在这种情况下,直流母线电压可稳定在最佳工作范围 $V_{min} \sim V_{max}$。考虑到电网的柔性控制,用电设备与储能装置的功率随直流母线电压而自适应变化。根据直流母线输入、输出功率的供需平衡关系,一共分为五类工作场景。

(1)用电设备的总功率等于 P_0+P_v。

此时供电功率与用电设备功率平衡,直流母线电压处于要求的上限电压 V_{max} 和下限电压 V_{min} 之间,系统维持平衡。

(2)用电设备总功率大于 P_0+P_v。

此时供电功率小于用电设备功率,直流母线电压下降,各用电设备将自适应地根据电压下降程度减小自身用电功率,储能系统、充电桩根据电压下降程度减小充电电流或放电为光储直柔系统提供部分功率。因此,随着直流母线电压的下降,系统向外电网的取电功率不断下降,最终达到平衡。

(3)用电设备总功率小于 P_0+P_v。

此时供电功率大于用电设备功率,直流母线电压上升,各用电设备根据电压的升高提升自身的用电功率,储能系统、充电桩增大充电功率,最终达到平衡。

(4)外电网与光伏实际供电功率大于 P_0+P_v。

此时供电功率大于用电设备功率,直流母线电压达到允许的上限 V_{max},需通过 AC/DC 减小从外电网输入的功率 P_0 并调节光伏发电的 DC/DC,通过部分"弃光"使母线电压稳定为 V_{max}。

(5)外电网与光伏实际供电功率小于 P_0+P_v。

此时供电功率小于用电设备总功率,而储能系统内部容量不足,AC/DC 将加大供电功率,使直流母线电压维持在 V_{min},以保证基本的用电需求。

在(4)与(5)场景下,系统从外电网的取电功率会出现小于或大于要求的用电功率 P_0 的现象,此时光储直柔系统不能实现严格按照规定的取电功率从外电网取电。是否会出现这种工况取决于系统内各用电设备功率的可调节能力以及储能系统、电动汽车的蓄电池容量。

6.2.3 光储直柔系统调控机制

光储直柔系统调控机制如图 6.2-4 所示。

光储直柔系统由可编程控制器控制,分别可调节光储直柔系统与外电网连

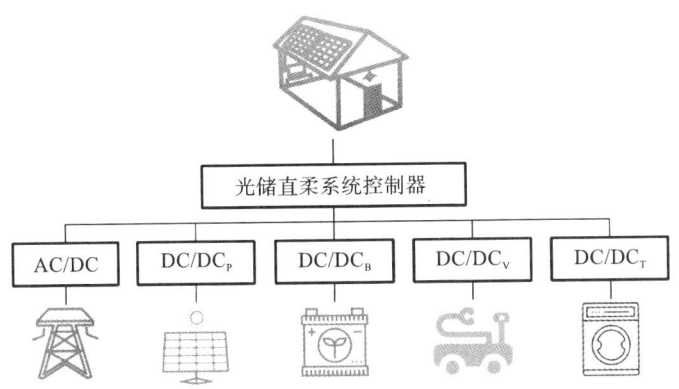

图 6.2-4　光储直柔系统调控机制

接的 AC/DC、与光伏组件连接的 DC/DC_P、与储能系统连接的 DC/DC_B、与电动汽车连接的 DC/DC_V，以及与其他用电终端连接的 DC/DC_T。各换流器的具体工作逻辑如下。

（1）外电网换流器（AC/DC）。

交流外网给定此时注入的交流电功率为 P_{0s}，AC/DC 按照恒定输出电压的模式控制直流母线电压 V_D。若实际输入的交流功率 P_0 不等于 P_{0s} 时，根据二者的差修正直流母线电压 V_D。若实际的 P_0 高于功率设定值 P_{0s} 时，降低直流母线电压以减小 P_0；当实测的 P_0 低于设定值 P_{0s} 时，提高直流母线电压以提高 P_0。若 V_D 达到直流母线电压上限 V_{max} 时，维持电压在 V_{max}，此时输入功率将小于要求的输入功率设定值 P_{0s}。由于负载太小，无法消纳外部的取电功率，须调整与光伏组件连接的 DC/DC_P，通过弃光减少注入的光伏电量，而 AC/DC 仍然按照设定的取电功率 P_{0s} 控制。当 V_D 达到直流电压母线下限 V_{min}，而输入功率 P_0 仍大于要求的设定值 P_{0s} 时，此时应维持直流母线电压于 V_{min} 以保证正常的电力供应需求。当经过 AC/DC 的输入功率为零时（外电网要求或外电网供电故障），AC/DC 失去对直流母线电压的控制权。此时母线所连接的其他换流器仍正常工作。此时如果光伏组件、储能系统及电动汽车电池的功率能够满足用电终端功率，直流母线电压将在 V_{max} 和 V_{min} 之间浮动。当光伏输出功率过高时，光伏控制器将通过弃光把母线电压维持在 V_{max}；当光伏电池功率不足时，母线电压将不断下降；若母线电压下降到 V_{min} 时，储能系统控制器 DC/DC_B 承担起母线电压控制权，维持电压在 V_{min}，直到储能系统放电容量达到下限。交流外网的接口处 AC/DC 调控方式如图 6.2-5 所示。

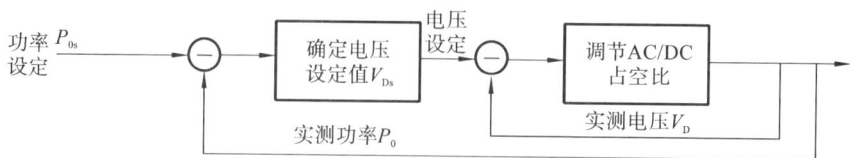

图 6.2-5　交流外网的接口处 AC/DC 调控方式

（2）光伏组件换流器（DC/DC$_P$）。

通过不断改变换流器的升/降压比以调整输入直流母线的电流，使其从光伏电池接收的功率最大。同时，DC/DC$_P$ 须不断监测母线电压，当母线电压 V_D 高于 V_{max} 时，改为按照电压设定值 V_{max} 控制输出电压的模式，光伏出力过大时弃光。若无法维持母线电压为 V_{max} 时，应放弃母线电压的控制权，按照最大接收功率模式调控。

（3）储能系统换流器（DC/DC$_B$）。

通过监测直流母线的电压，确定其充/放电功率。当母线电压高于所设定的死区上限时开始充电，低于电压死区下限时放电。在实际运行中，按照上述逻辑进行调控，可能在需要充电时储能电池已经达到容量上限，或需要放电时储能系统已达到容量下限。因此，应采用智能算法通过连续监测直流母线电压变化，掌握建筑全天电力供需关系的变化。识别出可能出现需要加大蓄电功率（母线出现高电压）和需要加大放电功率（母线出现低电压）的时间段，从而对全天的充/放电策略进行优化，在需要大功率充电前留出足够的充电容量，在需要大功率放电前蓄存足够的电量。

（4）电动汽车充电桩换流器（DC/DC$_V$）。

智能充电桩与目前传统的充电桩的最大区别在于由电力系统的供需关系决定充/放电与否和充/放电电流，而不是由电动汽车中的电源管理系统（BMS）决定。该控制逻辑与前面所讨论的蓄电池接口控制逻辑的区别是在判断直流母线电压高低的同时，还需考虑所连接的各电动汽车电池的电量，优先保证电量偏低的车先充电。智能充电桩要先获取所连接的电动汽车电池参数，包括允许的最大和最小充电电流和电池当前的荷电状态（SOC）。SOC 与开始充电的直流母线电压设定值成正比。当直流母线电压 V_D 高于该电压设定值时，充电桩开始充电，并且其充电电流也随电压 V_D 变化，电压值与充电电流成正比。对于允许放电的汽车，开始放电的直流母线电压设定值也由电池的 SOC 决定，相对电量越大，则开始放电的直流母线电压设定值越高。当直流母线电压较高时，仅有 SOC 较高的汽车电池向直流母线放电；当直流母线电压逼近越限的下限值，需更多的电动汽车与 PEDF 进行电力交互。

6.3　光储直柔系统模型研究

为了求解如何最大化地应用建筑资源,实现光储直柔系统的最优化应用,需要首先建立光储直柔系统的数学优化模型。本节将从光储直柔系统的运行模型、mPEDF 系统的 P2P 能源优化交易模型、sPEDF 系统的优化选址模型、光储直柔低压直流系统模型几个方面进行优化建模。

6.3.1　光储直柔系统运行模型

(1)光伏发电系统。

光伏发电(PV)是利用太阳能光伏板的光生伏特效应,通过控制器和逆变器等材料将光能转变成电能的可再生能源发电技术。体量巨大的建筑外表面是发展分布式光伏的有效空间资源,2018 年我国建筑面积总数超过 600 亿平方米,仅以屋顶光伏为例,总屋顶面积超过 100 亿平方米,估计可安装超过 800 GW 的屋顶光伏,年发电量超 8000 亿千瓦·时。因此,把太阳能的利用纳入建筑的总体设计,是目前可再生能源建筑最常用的能量来源形式[119-121]。常见的户用光伏"自发自用,余电上网"模式如图 6.3-1 所示。

图 6.3-1　户用光伏"自发自用,余电上网"模式

光伏发电拥有太阳能资源丰富、安全清洁、适用场景多、光伏规模大小设置灵活、维护成本低、建设周期短等优点。在拥有众多优点的同时,光伏发电也有一些缺点,比如能量转化效率较低,受天气影响极大。外界变化的温度以及光照强度都会引起光伏发电功率的波动,导致电力具有明显的间歇性波动和不可控性,因此光伏发电是一种不易被调控的间歇性电源。光伏发电的工作原理如图 6.3-2 所示。

天气情况是影响光伏发电机组发电功率最重要的因素,当阳光充足并且直

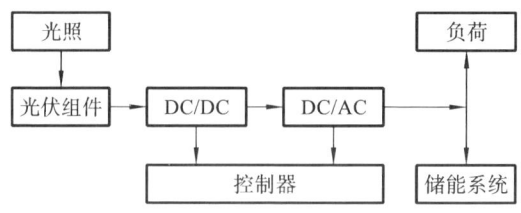

图 6.3-2　光伏工作原理

射的时候,发电功率最高;当阳光不够充足或者斜射的时候,发电功率就会有所降低。光伏发电的功率模型如下。

$$P_{pv}(t) = \frac{P_s(t)G_{AC}[1 + K(T_c - T_R)]}{G_{STC}} \tag{6.3-1}$$

式中,$P_{pv}(t)$ 为光伏发电功率;$P_s(t)$ 为太阳能机组的运行功率;G_{AC} 为实际光照强度系数;G_{STC} 为标准光照强度系数;K 为功率温度系数;T_c 为实际温度;T_R 为标准参考温度,一般取 25 ℃。

（2）储能蓄电系统。

储能电池是应用较为广泛的一种储能介质,本书选用储能电池作为储能系统。

储能电池一般由荷电状态来平衡其储电量。荷电状态 SOC 是在一定放电比例下,电池剩余电量 Q_1 与电池额定电量 Q_e 的比值,其表达式为:

$$SOC(t) = \frac{Q_1}{Q_e} = \frac{Q_0 - \int I(t)dt - Q_u}{Q_e} = SOC_0 - \frac{\int I(t)dt + Q_u}{Q_e} \tag{6.3-2}$$

式中,Q_1 为电池剩余电量;Q_e 为电池额定电量;Q_0 为电池初始电荷值;SOC_0 为 SOC 的初始值,可以根据其电池前一时刻的值来确定;Q_u 为电池最低容量,表示电池容量的非线性变化对 SOC 的影响[122-124];$I(t)$ 为电流大小。

电池最低容量大小 $Q_u(t)$ 表达式为:

$$Q_u(t) = \begin{cases} Q_u(t_d) \cdot e^{-K(t-t_d)}, & t_d < t < t_r \\ Q_u(t_d) \cdot e^{-K(t-t_d)} + (1+\delta)\dfrac{I(t) \cdot [1 - e^{-K(t-t_d)}]}{\delta \cdot K}, & t_0 < t < t_d \end{cases}$$

$$\tag{6.3-3}$$

式中,t_d 为电池放电时刻,t_r 为电池容量恢复时刻,δ 为电池模型容量比。

为了延长电池使用寿命,不应该过分充电或放电,因此需对 $SOC(t)$ 的工作范围进行约束:

$$SOC_{min} < SOC(t) < SOC_{max} \tag{6.3-4}$$

式中,SOC_{min} 为电池容量的下限,SOC_{max} 为电池容量的上限。

（3）直流配电系统。

目前直流微电网中母线的构成形式主要分为三类：单母线结构、双层母线结构和双母线结构。单母线结构指只有一个直流母线电压等级，所有用电设备仅通过一条直流母线相连，其设备输入端电压为直流母线电压[125]，如图6.3-3所示。

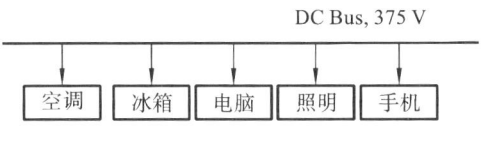

图 6.3-3　单母线结构

双层母线结构是指具有两个电压等级，在一条主母线的基础上另配置一条低压母线，为低压用电设备提供电能，如图 6.3-4 所示。

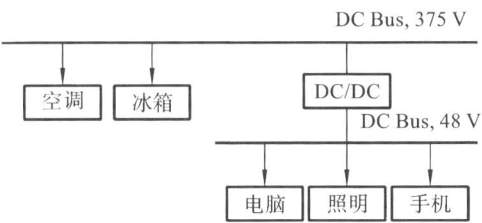

图 6.3-4　双层母线结构

双母线结构是指两条电压值相等、极性相反的母线连接用电设备，形成不同电压等级的供电结构，根据用电设备所需的电压等级选择不同的母线供电，如图 6.3-5 所示。

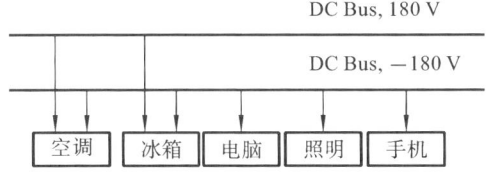

图 6.3-5　双母线结构

我国低压交流配电网三相电压为 380 V，而多数直流设备的工作电压均在 400 V 以内，因此，直流母线的电压范围可选择在 200～400 V 之间。本节中依照的直流电压等级参考深圳未来大厦光储直柔系统（375 V）。

（4）柔性用电系统。

用户负荷分为刚性负荷和柔性负荷，刚性负荷是满足用户日常生活基本用能需求的负荷，例如照明、供暖，柔性负荷根据用户的响应特性可分为可平移、可转移负荷。可平移负荷是指在时间上能够进行平移但是用能时间不可中断，平移前后总能量维持不变的负荷(图 6.3-6)。可转移负荷是在响应前后的功率大小不变,并且在规定时间内完成即可的负荷(图 6.3-7)。可削减负荷是指不可转移,在一定时间内可灵活削减的负荷,其影响该时刻的负荷总量,一定程度上也会对其他时刻负荷造成影响[119]。

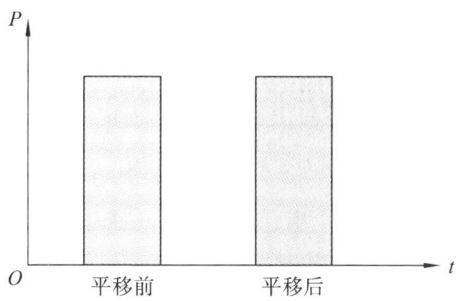

图 6.3-6 可平移负荷示意图

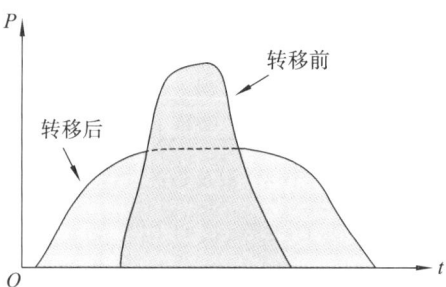

图 6.3-7 可转移负荷示意图

可平移负荷的数学模型为:

$$\sum_{t=t_{\text{shift}}^-}^{t_{\text{shift}}^+} y_t^{\text{shift}} \big[P_{\text{shift}}^+(t) - P_{\text{shift}}^-(t) \big] = 0 \tag{6.3-5}$$

式中,t_{shift}^- 和 t_{shift}^+ 为可平移的时间区段的上、下限;$P_{\text{shift}}^+(t)$ 为平移后 t 时刻负荷;$P_{\text{shift}}^-(t)$ 为平移前 t 时刻负荷;y_t^{shift} 为 0/1 变量,1 表示可平移负荷能够在可平移时段内运行,0 表示不运行。

可转移负荷的数学模型为:

$$P_{\text{tran}}^+(t) = \sum_{t=t_{\text{tran}}^-}^{t_{\text{tran}}^+} \sum_{n=1}^{N} \big[y_t^{\text{tran}} P_{\text{tran}}^-(t) \big] \tag{6.3-6}$$

式中,t_{tran}^- 和 t_{tran}^+ 为可转移的时间区段的上、下限;$P_{\text{tran}}^+(t)$ 为参与响应 t 时刻的负荷;$P_{\text{tran}}^-(t)$ 为可转移负荷每次转移的负荷;y_t^{tran} 为与 y_t^{shift} 类似的 0/1 变量。

考虑到负荷在不加限制转移时会出现设备频繁启停,应对每次转移时负荷功率和最小持续运行时间进行约束：

$$P_{\min}^{\text{tran}} \leqslant P_{\text{tran}}^-(t) \leqslant P_{\max}^{\text{tran}} \tag{6.3-7}$$

$$\sum_{t=1}^{t+T_{\min}^{\text{tran}}-1} y_t^{\text{tran}} \geqslant T_{\min}^{\text{tran}}(y_t - y_{t-1}) \tag{6.3-8}$$

式中，$P_{\min}^{\text{tran}}$ 和 $P_{\max}^{\text{tran}}$ 分别为可转移负荷功率的下限值和上限值；$T_{\min}^{\text{tran}}$ 为可转移负荷的最小连续运行时间。

6.3.2　mPEDF 系统 P2P 能源优化交易模型

mPEDF 系统 P2P 能源优化交易模型如图 6.3-8 所示。

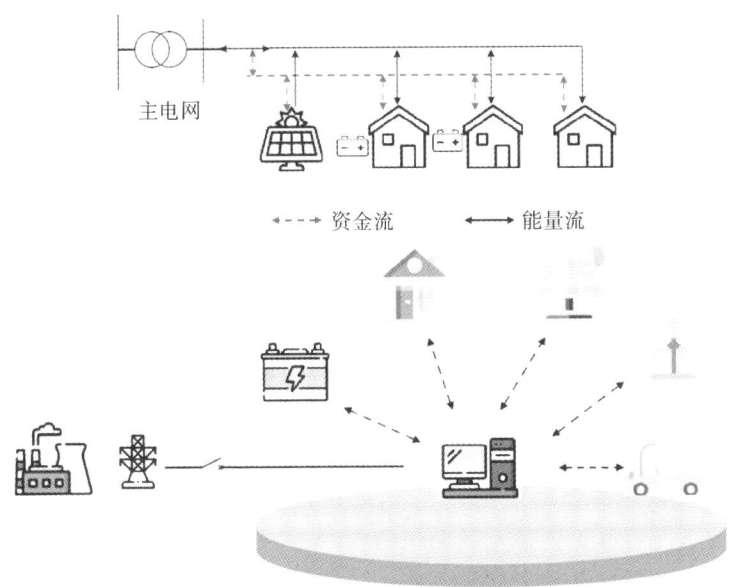

图 6.3-8　mPEDF 系统 P2P 能源优化交易模型

作为多利益主体中不可或缺的一种，建筑在为内部用户提供可靠供电的同时，也试图最大限度地协调其内部资源以实现更大的经济效益。目前各建筑都是独立运行的，显然不同建筑的用电模式和用电行为具有差异性，如何对包含多个建筑的智慧建筑群进行协调管控，合理利用其内部资源实现资源共享，提升系统整体经济效益值得深入研究[126]。

P2P 交易作为一种新颖的能源管理模式，允许能源从一个产消者（既生产能源又消耗能源的"生产消费者"）流向另一个产消者。一个有能源需求的电力消费者可以用相对便宜的价格从社区内其他能源过剩的生产者处购买能源。

另一方面,与余量上网方案相比,能源过剩的生产者通过参与 P2P 能源交易可以获得更多的收益。当多个建筑组成建筑群进行 P2P 共享运行时,需要解决以下几个方面的问题。

(1)协同优化运行。

建筑群 P2P 的协同优化将在单体建筑优化运行模型的基础上应用建筑群内部灵活定价模型,有效地激励各建筑积极调动灵活性资源参与 P2P 能源交易。本书将应用 MMR(mid-market rate)定价机制,将微电网内部交易价格与电网给出的实时电力价格相结合,并且针对微电网内的出力与消纳提供了相应的调整机制。

考虑到建筑群内本地的光伏出力与实时的负荷需求并不一致,当需求等于发电时,发电以上网电价和零售电价的平均值出售。当本地发电量高于需求时,多余的电能就必须以上网电价卖给电网。当本地发电量低于需求时,部分需求由本地发电满足,部分需求由主电网供电。这意味着实际的购电价格和售电价格取决于发电和需求的可用性。因此,本书将使用 MMR 方法在供需平衡、供大于求、供小于求三种情景下讨论市场电价。

①情况 1。当建筑群微电网中供需平衡时,即各建筑只需要参与微电网内的 P2P 交易,而不需要进一步与电网进行电力交易。在该场景下,内部电力价格为:

$$p_{\mathrm{s}} = p_{\mathrm{b}} = \frac{p_{\mathrm{g,s}} + p_{\mathrm{g,b}}}{2} \qquad (6.3\text{-}9)$$

式中,p_{s} 为微电网中的售电电价;p_{b} 为微电网中的购电电价;$p_{\mathrm{g,s}}$ 为电网的售电电价;$p_{\mathrm{g,b}}$ 为电网的购电电价。

②情况 2。当微电网中供大于求,即剩余能量大于总需求时,建筑若参与 P2P 交易,不仅可满足能源短缺的消费者的需求,还能够将多余的能源出售给电网。在该场景下,内部电力价格为:

$$p_{\mathrm{b}} = \frac{p_{\mathrm{g,s}} + p_{\mathrm{g,b}}}{2} \qquad (6.3\text{-}10)$$

$$p_{\mathrm{s}} = \frac{p_{\mathrm{b}} \sum_{n \in N_{\mathrm{b}}} E_{n,\mathrm{d}} + p_{\mathrm{g,b}} E_{\mathrm{s}}}{\sum_{n \in N_{\mathrm{s}}} E_{n,\mathrm{s}}} \qquad (6.3\text{-}11)$$

式中,$E_{n,\mathrm{s}}$ 为建筑 n 所剩余的能量;$E_{n,\mathrm{d}}$ 为建筑 n 所缺少的能量;N_{s} 为微电网中能源生产者的集合;N_{b} 为能源消费者的集合;E_{s} 为微电网整体剩余的能量。

③情况 3。当微电网中能量供小于求,即建筑仅参与 P2P 交易无法满足能源短缺的消费者的需求时,需要从电网购入电能。在该场景下,内部电力价格为:

$$p_{\mathrm{s}} = \frac{p_{\mathrm{g,s}} + p_{\mathrm{g,b}}}{2} \tag{6.3-12}$$

$$p_{\mathrm{b}} = \frac{p_{\mathrm{s}} \sum\limits_{n \in N_{\mathrm{s}}} E_{n,\mathrm{s}} + p_{\mathrm{g,b}} E_{\mathrm{d}}}{\sum\limits_{n \in N_{\mathrm{b}}} E_{n,\mathrm{d}}} \tag{6.3-13}$$

式中,E_{d} 为微电网整体缺额的能量。

（2）固定成本分摊。

由于建筑群中各建筑获益于公共的发电、蓄电等系统,理应分摊公共系统的建设费用,如何公平合理地将固定成本分摊给各建筑,将是本书需解决的问题。在本小节中将详细给出建模的理论分析,具体方案探讨将在后续进一步研究。

DEA 方法是 1978 年 Charnes 等提出的一种对具有多投入产出的同类决策单元(DMU)的相对效率评价方法,即应用线性规划的方法计算投入与产出的比率。近年来用 DEA 方法来解决固定成本分摊问题已成为 DEA 应用的重要方向[127]。

DEA 方法为 mPEDF 系统实现共享的理论基础。DEA 方法本身适用于考虑多投入的企业效率评价,即生产效率 η 为:

$$\eta(\mathrm{DEA}) = \frac{\sum\limits_{i=1}^{n} \alpha_i q_i}{\sum\limits_{i=1}^{n} \beta_i p_i} \tag{6.3-14}$$

那么其优化方程 $\max h_{j_0}$ 可写作:

$$\max h_{j_0} = \frac{\sum\limits_{r=1}^{s} u_r y_{rj}}{\sum\limits_{i=1}^{m} v_i x_{ij}} \tag{6.3-15}$$

其约束条件为:

$$\frac{\sum\limits_{r=1}^{s} u_r y_{rj}}{\sum\limits_{i=1}^{m} v_i x_{ij}} \leqslant 1, \quad j = 1,2,\cdots,n \tag{6.3-16}$$

$$u \geqslant 0, v \geqslant 0$$

式中,α_i 为产出权重;β_i 为投入权重;q_i 为产出;p_i 为投入;x_{ij} 表示第 j 个决策单元对第 i 种投入要素的投放总量;而 y_{rj} 则表示第 j 个决策单元中第 r 种产品的产出总量;v_i 和 u_r 分别指第 i 种类型投入与第 r 种类型产出的权重系数;h_{j_0} 为固定成本分摊模型的目标函数。

在 mPEDF 系统中,应将光伏出力等参数类比于投入,建筑负荷类比于产出,基于 DEA 多种投入与产出的效率来解决多主体的成本分摊问题。

本书拟将每个建筑可投入的光伏铺设面积、每个建筑拟安装的储能容量、每家投入的成本作为 DEA 理论的投入因素。其中,光伏铺设面积与储能容量为协同优化运行后已知的值。各建筑投入的成本为本步骤中待优化的变量,拟应用 CPLEX 进行求解。产出的指标为各建筑年节约的电力支出,各建筑为平抑光伏曲线所做的贡献。

(3) 基于 DEA 的可再生能源建筑群投资成本分摊模型。

基于前述分析,本书中成本分摊方法共包括以下步骤。

①步骤一:资料收集。收集想要加入可再生能源建筑群的各产消者(加入 mPEDF 系统的各建筑)的相关资料,包括但不限于,各产消者最大可铺设的光伏组件容量、最大可安装的储能系统容量、各产消者的历史用电负荷曲线、光资源数据。

②步骤二:应用优化运行模型进行容量配置。在步骤一的基础上,基于优化运行模型得到各产消者经过优化后的负荷曲线、应铺设的光伏组件容量、应安装的储能系统容量以及在实现共享分摊后各产消者每年可节约的电费等。

③步骤三:基于产消者的负荷曲线,定义各产消者为建筑群资源共享所做的贡献指数。为了实现资源的最大共享,在进行成本分摊之前需进一步分析每个产消者在其中所做的贡献。对产消者 $1 \sim n$ 的负荷曲线进行优化前,在时刻 t 时,建筑群的负荷 L_t 与 n 个产消者的负荷 $L_{1,t} \sim L_{n,t}$ 之间关系为:

$$L_t = L_{1,t} + L_{2,t} + \cdots + L_{n,t} \tag{6.3-17}$$

优化后,时刻 t 时整体微电网的负荷 R_t 与 n 个产消者的负荷 $R_{1,t} \sim R_{n,t}$ 之间关系为:

$$R_t = R_{1,t} + R_{2,t} + \cdots + R_{n,t} \tag{6.3-18}$$

因此,产消者 $i(i=1,2,3,\cdots,n)$ 为资源共享做的贡献 $P_{c,i}$ 定义为:

$$P_{c,i} = \left| \frac{\sum\limits_{t=1}^{n}(R_{i,t} - L_{i,t})}{\sum\limits_{t=1}^{n}(R_t - L_t)} \right| \tag{6.3-19}$$

④步骤四:数据分析与计算。进一步计算全部用户投资建设或改造的总费用 C_{total}、各产消者实际铺设的光伏组件容量 $E_{pv,i}$、实际安装的储能系统容量 $E_{ess,i}$。(i 代表微电网内部产消者个数)

⑤步骤五:定义 DEA 的投入和产出指标,求解各产消者技术效率 $\eta_1 \sim \eta_n$。投入指标包括各产消者需投入的建设或改造成本 $C_{c,i}$、各产消者实际铺设的光伏组件容量 $E_{pv,i}$、实际安装的储能系统容量 $E_{ess,i}$,其中,各产消者需投入的成本

$C_{c,i}$ 为决策变量,即待求解的分摊成本。产出指标包括各产消者可节约的电费 $P_{e,i}$、各产消者通过负荷调节对建筑群资源共享的贡献指数 $P_{c,i}$。综上所述得到以下优化模型:

$$\max \eta_i = \frac{\sum_{i=1}^{n}(u_j P_{e,i} + v_j P_{c,i})}{\sum_{i=1}^{n}(a_i E_{pv,i} + b_i C_{c,i} + c_i E_{ess,i})} \qquad (6.3\text{-}20)$$

其约束条件为:

$$\frac{\sum_{i=1}^{n}(u_j P_{e,i} + v_j P_{c,i})}{\sum_{i=1}^{n}(a_i E_{pv,i} + b_i C_{c,i} + c_i E_{ess,i})} \leqslant 1, \quad i = 1, 2, \cdots, n \qquad (6.3\text{-}21)$$

$$P_{e,i}, \quad P_{c,i}, \quad E_{pv,i}, \quad C_{c,i}, \quad E_{ess,i} \geqslant 0$$

式中,a_i、b_i 和 c_i 为参数。

贡献指数 $P_{c,i}$ 的定义方法如图 6.3-9 所示。曲线 1 为经共享优化后的建筑群总负荷曲线,曲线 2 为共享优化前的建筑群总负荷曲线,总负荷曲线由各产消者的负荷曲线累加得到。A 点为某时刻共享优化前的总负荷,B 点为该时刻共享优化后的总负荷。若在该时刻,A 点的负荷值为 12 kW·h,B 点的值为 5 kW·h,基于前述优化步骤可得出产消者共享优化前后所调节的负荷,以及所做的贡献指数如图 6.3-9 中表格所示。

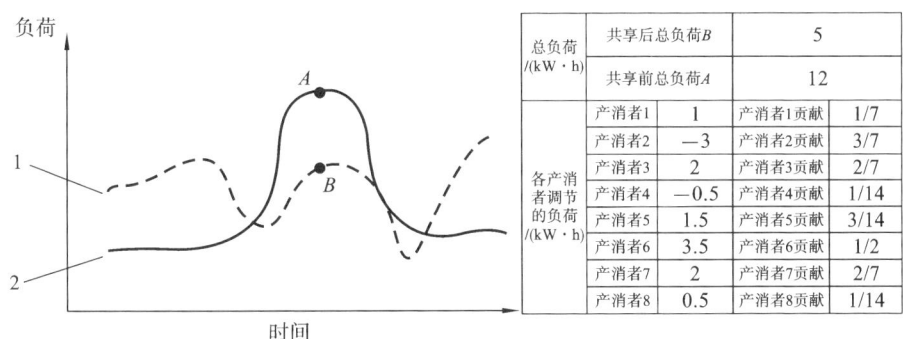

总负荷 /(kW·h)	共享后总负荷 B		5	
	共享前总负荷 A		12	
各产消者调节的负荷 /(kW·h)	产消者1	1	产消者1贡献	1/7
	产消者2	−3	产消者2贡献	3/7
	产消者3	2	产消者3贡献	2/7
	产消者4	−0.5	产消者4贡献	1/14
	产消者5	1.5	产消者5贡献	3/14
	产消者6	3.5	产消者6贡献	1/2
	产消者7	2	产消者7贡献	2/7
	产消者8	0.5	产消者8贡献	1/14

图 6.3-9　贡献指数定义方法

综上,总结出如下优化模型:

$$\max f = \frac{\sum_{i=1}^{n}(u_j P_{e,i} + v_j P_{c,i})}{\sum_{i=1}^{n}(a_i E_{pv,i} + b_i C_{c,i} + c_i E_{ess,i})} \qquad (6.3\text{-}22)$$

其约束条件为：

$$\frac{\sum_{i=1}^{n}(u_j P_{e,i} + v_j P_{c,i})}{\sum_{i=1}^{n}(a_i E_{pv,i} + b_i C_{c,i} + c_i E_{ess,i})} \leqslant 1, \quad \sum_{i=1}^{n} C_{c,i} = C_{total}$$

$$x_1 \leqslant C_{c,i} \leqslant x_2$$

$$P_{e,i}, \quad P_{c,i}, \quad E_{pv,i}, \quad C_{c,i}, \quad E_{ess,i} \geqslant 0, \quad i = 1,2,\cdots,n$$

(6.3-23)

式中，C_{total} 为全部产消者需投入的总费用；x_1, x_2 分别为各产销者可投入成本的上、下限；f 为目标函数。

⑥步骤六：应用混合整数线性规划算法求解各产消者需投入的成本 $C_{c,i}$。在步骤五的基础上，以各产消者需投入的成本 $C_{c,i}$ 为决策变量，以应用 DEA 计算得出的各产消者技术效率之和 $\sum_{i=1}^{n} \eta_i$ 最大为优化目标，以全部产消者需投入的总费用 C_{total} 不变为限制条件，各产消者可投入的成本约束范围为 $[x_1, x_2]$，得出各产消者分别需投入的成本 $C_{c,i}$，其具体求解步骤如图 6.3-10 所示。

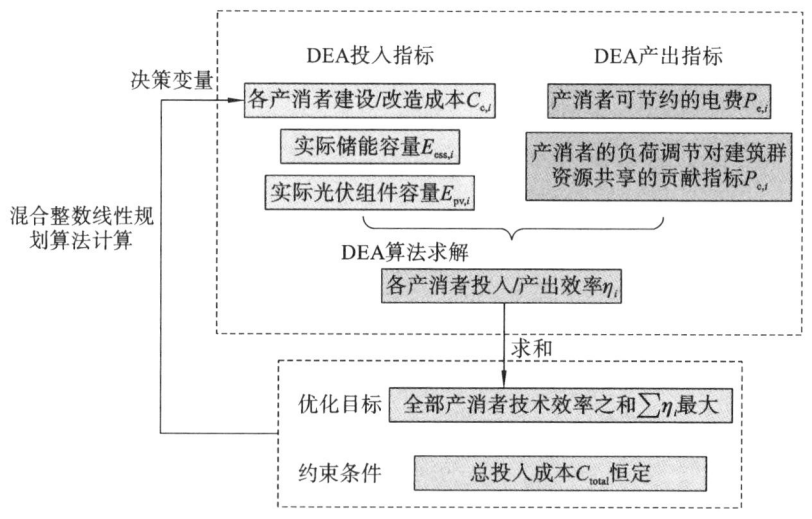

图 6.3-10　DEA 与混合整数线性规划方法嵌套求解步骤

6.3.3　sPEDF 系统优化选址模型

当光储直柔系统与电动汽车进行联合共享时，建筑的选址将成为决定优化运行是否可成功实现的关键因素。选址后，将基于该选址地点进行与电动汽车的优化运行。本小节首先给出了现有层次分析法的模型。

（1）层次分析法模型。

本书将在现有的层次分析法模型上进行改进，以实现 sPEDF 系统的优化选址。

层次分析法（AHP）在 20 世纪 70 年代由美国运筹学家 T. L. Saaty 教授提出，是一种对定性问题进行定量分析的多准则决策方法，即对需要决策的变量的中间指标进行考察[128-130]。层次分析法的基本步骤有以下几步。

①建立递阶层次结构模型。

结合应用场景，从目标层、准则层、判断层三个方面建立综合评估体系。以选择旅游地点的案例为例，层次结构模型如图 6.3-11 所示。

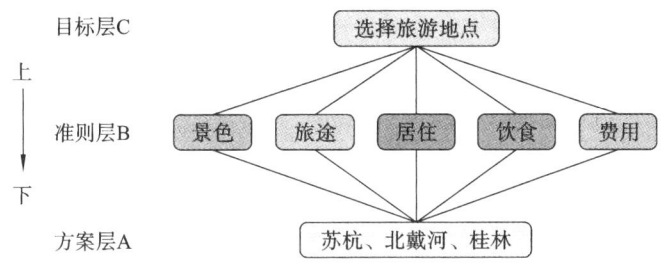

图 6.3-11　层次结构模型（以选择旅游地点为例）

②构造判断矩阵。

在图 6.3-11 的层次结构模型的基础上，通过比较同一准则层内各因素之间的重要程度来构建判断矩阵。假定上一层次 o 与下一层次中的 $c_1 \sim c_n$ 有关，则判断矩阵模型如表 6.3-1 所示，其中 c_{ij} 是 c_i 相对于 c_j 的重要性。表 6.3-2 所示为 $1 \sim 9$ 位标度法的含义。

表 6.3-1　判断矩阵

o	c_1	c_2	...	c_n
c_1	c_{11}	c_{12}	...	c_{1n}
c_2	c_{21}	c_{22}	...	c_{2n}
...	...	...	...	...
c_n	c_{n1}	c_{n2}	...	c_{nn}

表 6.3-2　$1 \sim 9$ 位标度法的含义

标　　度	含　　义
1	两指标重要性相同
3	前者较后者稍重要

标 度	含 义
5	前者较后者明显重要
7	前者较后者强烈重要
9	前者较后者极端重要
2,4,6,8	介于上述相邻两个值中间
倒数	若指标 i 与 j 重要性之比为 c_{ij}，则 j 与 i 重要性之比为 $1/c_{ij}$

③一致性检验。

定义判断矩阵检验判断式：

$$c_{ik} = c_{ij} \cdot c_{jk} = c_{ij}/c_{kj} \quad i,j,k = 1,2,\cdots,n \qquad (6.3\text{-}24)$$

式中，c_{ik} 为 c_i 相对于 c_k 的重要性；c_{ij} 为 c_i 相对于 c_j 的重要性；c_{jk} 为 c_j 相对于 c_k 的重要性；c_{kj} 为 c_k 相对于 c_j 的重要性。

考虑到准则层中各项指标的重要程度由人为主观判断，因此构成的判断矩阵各项指标有可能存在偏差。因此，定义一致性指标 CI：

$$\mathrm{CI} = \frac{\lambda_{\max} - n}{n - 1} \qquad (6.3\text{-}25)$$

式中，$\lambda_{\max}$ 为判断矩阵的最大特征根。

CI 的值表征了判断矩阵中指标偏离一致性的程度，若 CI 的值越小，则一致性越佳。为了衡量 CI 的大小，引入随机一致性指标 RI，对判断矩阵实施进一步一致性检验。

一致性比率 CR 定义为：

$$\mathrm{CR} = \frac{\mathrm{CI}}{\mathrm{RI}} \qquad (6.3\text{-}26)$$

当 CR 小于 0.1 时，则认为判断矩阵具有较好的一致性；若判断矩阵一致性检验无法通过，则需要调整参数，随后重新进行一致性检验。

④求方案优劣次序。

依照通过一致性检验后的判断矩阵，应用式（6.3-24）对准则层中各判断指标进行评分：

$$u = \frac{\sum_{k=1}^{r} (a_k \cdot v_k)}{\sum_{k=1}^{r} a_k} \qquad (6.3\text{-}27)$$

式中，a_k 和 r 分别为某准则层指标下辖指标层指标及其数量；v_k 为 a_k 相对于上级指标的权重；u 为评分。

设 u_k 分别表示准则层指标的评分，b_k 分别表示对应指标的权重，则各优选模式的最终得分 f_{degree} 为：

$$f_{degree} = \frac{\sum\limits_{k=1}^{r}(b_k \cdot u_k)}{\sum\limits_{k=1}^{r} b_k} \times 100 \qquad (6.3\text{-}28)$$

（2）改进层次分析法基本模型。

改进的层次分析法为 sPEDF 系统实现优化选址的必要条件。实际上层次分析法最重要的步骤为判断矩阵的生成，然而传统的判断矩阵存在一些固有缺陷。层次分析法在决策过程中人为定性成分较多，判断矩阵的构成很大程度决定了最终的判断结果。除此之外，当待决策的指标（选址地点）过多时，数据的统计量巨大，判断矩阵难以通过一致性检验，反复修改判断矩阵可能又有悖于决策的初衷，因此该方法有待改进。本书拟基于重要性排序与定量数据提出适用于 sPEDF 系统选址的改进层次分析法模型。

①改进递阶层次结构模型。

目标层为 sPEDF 系统最佳选址，准则层为区域人口密度数据、房价成本数据、交通可达性、绿化空间可达性、电动汽车车流数据五项指标，方案层为可供选择的选址方案。

②改进判断矩阵。

在准则层中，基于重要性排序定义三个相邻目标重要性差距指标：明显重要，稍重要，相同重要。非相邻目标的重要性差距指标可以通过相邻目标重要性的叠加来获得。在方案层中，基于定量数据将标准化后的方案层数据两两作差得到差值，定义各方案标度。

6.3.4　光储直柔低压直流系统模型研究

本小节通过建立光储直柔低压直流系统仿真模型，研究在变化的光伏输入条件下，低压直流系统的电压稳定性情况。

（1）光储直柔低压直流系统结构。

简单的光储直柔低压直流系统主要由光伏阵列、最大功率点跟踪（MPPT）控制器、Boost 升压电路（即 DC-DC 升压电路）、充电控制器、半桥电路组成。电路图如图 6.3-12 所示。

在图 6.3-12 中，太阳光照射在半导体光伏阵列上，形成光生伏打效应，产生的电能通过 Boost 升压电路升压，其中的绝缘栅双极型晶体管（IGBT）Q_1 由

MPPT 控制器实现最大功率点跟踪。图中电流表和电压表用以测量直流母线的电流和电压,并通过由 Q_2 和 Q_3 组成的半桥电路控制储能电池的能量充放。Q_2 和 Q_3 为 IGBT,其栅极由储能电池的充电控制器控制开关。

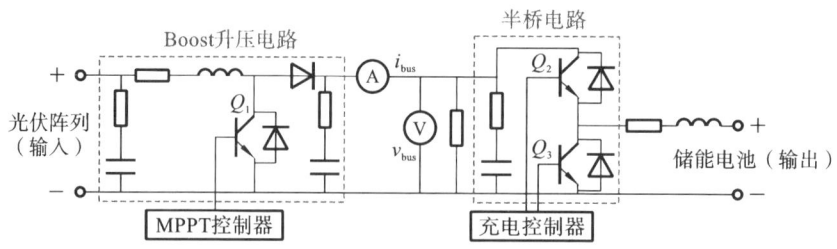

图 6.3-12　低压直流系统电路图

(2) MPPT 控制。

光伏发电具有不稳定性,光伏电池的输出电压电流会因为温度、光照强度的波动而变化,从而导致输出的功率发生改变。为了提高光伏电池在实际应用中的利用率,通常对光伏电池后接入的 Boost 升压电路采用 MPPT 控制,其控制框图如图 6.3-13 所示。

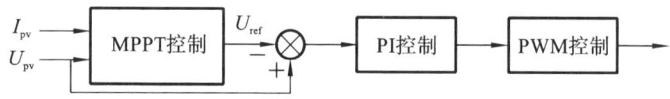

图 6.3-13　光伏电池 MPPT 控制框图

MPPT 控制是一种让光伏电池一直处于最大功率输出状态的控制技术。MPPT 控制算法包括扰动观察法、增量电导法、模糊逻辑控制法等。本书中,通过 MATLAB 的 Simulink 工具箱对扰动观察法进行了模拟。扰动观察法也是业内使用最广泛的算法,其通过周期性地对光伏电池的输出电压施加一个较小的增量,然后观察光伏电池输出功率的变化方向,进而决定下一步的控制信号。若输出功率增加,则继续朝着相同的方向改变工作电压,否则朝着相反的方向改变工作电压。因此,在扰动观察法中只需要测量 U 和 I 就可以满足整个控制过程。算法步骤图如图 6.3-14 所示,通过不断重复,实现输出功率扰动观察法 MPPT 控制。

(3) 充电控制策略。

①PID 控制器。

比例积分微分(PID)控制器的结构图如图 6.3-15 所示。

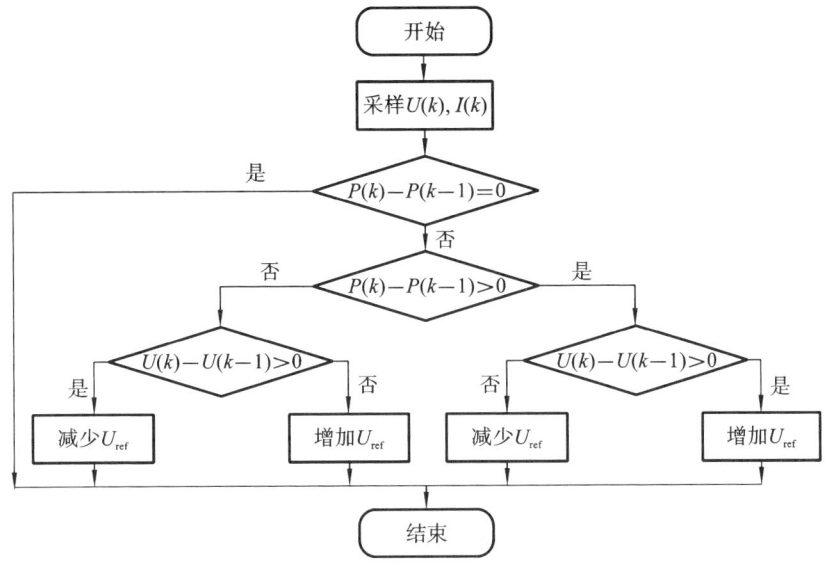

图 6.3-14　扰动观察法步骤

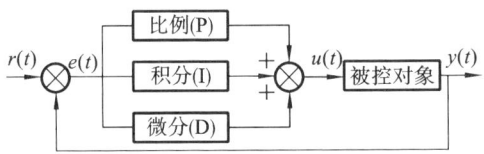

图 6.3-15　PID 控制器结构图

PID 控制器由于其结构简单,鲁棒性、适应性较强,目前仍然是在工业控制中应用得最为广泛的一种控制方法。PID 控制器各校正环节的作用如下。

a. 比例环节。PID 控制器在该环节中可以即时成比例地反映控制系统的偏差信号 $e(t)$,偏差一旦产生,控制器立即产生控制作用以减小误差。当偏差 $e=0$ 时,控制作用也为 0。因此,比例控制是基于偏差进行调节的,即有差调节。

b. 积分环节。PID 控制器在该环节中可以对误差进行记忆,主要用于消除静差,提高系统的无差度,积分作用的强弱取决于积分时间常数 T_i,T_i 越大,积分作用越弱,反之则越强。

c. 微分环节。PID 控制器在该环节中可以反映偏差信号的变化趋势(变化速率),并能在偏差信号值变得太大之前,在系统中引入一个有效的早期修正信号,从而加快系统的动作速度,减少调节时间。

以上三个控制环节除组成 PID 控制器之外,也可以组成 PI、PD、P、I 控制器。在本小节中,选择 PI 控制器用于对低压直流母线的电压和电流进行控制。

②充电控制逻辑。

充电控制逻辑如图 6.3-16 所示。

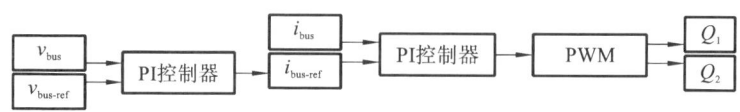

图 6.3-16　充电控制逻辑

图中,v_{bus} 为传感器测量的母线电压,i_{bus} 为传感器测量的母线电流,设定母线电压基准值 $v_{bus\text{-}ref}$ 为 48 V。通过两个 PI 控制器及 PWM 控制,最后输出两个 IGBT(Q_1 和 Q_2)的 g 极控制信号,来控制开关管的开通,从而稳定直流母线电压以及储能电池的充放电。

6.4　基础模型仿真

本节的仿真将前文中建立的优化模型在 CPLEX 和 MATLAB 软件的联合编程环境中运行,分别从考虑综合效益最优的光储直柔系统容量优化配置、基于 DEA 的 mPEDF 系统成本分摊共享方法、sPEDF 系统的建筑—电动汽车联合优化选址方案三个方面进行分析。另外,应用 MATLAB 的 Simulink 模块,对光储直柔低压直流系统的运行进行了仿真模拟。

6.4.1　光储直柔系统容量优化配置

以某建筑 A 为例,其顶面按照最佳光伏组件倾角可铺设的最大光伏板面积为 200 m²,朝阳立面可铺设的最大光伏板面积为 100 m²。建筑 A 某年春、夏、秋、冬四个典型日的每小时用电负荷量如图 6.4-1 所示。

这里将光储直柔系统的目标函数定义为使建筑对整体社会带来的综合效益 W 最大,即最大化增量收益 S 与增量成本 C 的差值:

$$\max W = S - C \tag{6.4-1}$$

式中,S 为增量收益,由增量经济效益 S_{ec}、增量环境效益 S_{en}、增量社会效益 S_{so} 组成;C 为增量成本,主要包括光储直柔系统的改造成本、向电网购售电的成本 C_{grid}、运维成本 C_{op},改造成本主要包括光伏设备、储能设备、电网改造等的成本。

约束条件为储能系统最大充放电量不超过 10 kW·h 以及光伏组件铺设面积不超过其可铺设面积。

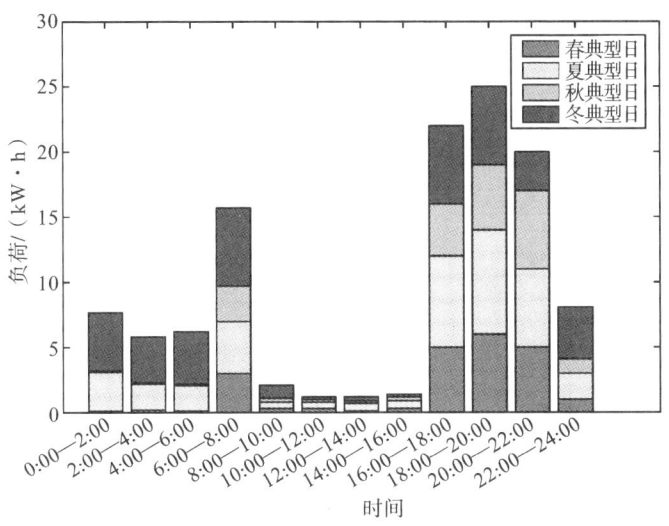

图 6.4-1　四季典型日中建筑 A 用电负荷

表 6.4-1 分别给出了该建筑采用普通建筑、未考虑综合效益最优的方法、考虑综合效益最优方法三种建筑模式（A_1、A_2、A_3）的光伏铺设方案，其储能设备的容量配置方案对比。

表 6.4-1　三种建筑模式的容量配置方案对比

建 筑 模 式	光伏铺设方案/m²		储能设备容量 /(kW·h)
	顶面	朝阳立面	
普通建筑（模式 A_1）	0	0	0
未考虑综合效益最优方法（模式 A_2）	200	100	50
考虑综合效益最优方法（模式 A_3）	200	81	30

根据表 6.4-1 可知，普通建筑（模式 A_1）并没有配置光伏、储能、柔性用能等新能源设备；未考虑综合效益最优的方法（模式 A_2）则按照可铺设的最大光伏组件面积（顶面 200 m²，朝阳立面 100 m²）与储能最大容量 50 kW·h 进行配置；而考虑综合效益最优的方法（模式 A_3）得出的顶面光伏组件铺设面积为 200 m²，朝阳立面为 81 m²，储能容量为 30 kW·h。

三种建筑模式的电量交易方案对比如图 6.4-2 所示。模式 A_1 的电能全部向电网购买，因此没有进一步给出与电网的电量交易策略。模式 A_2（图 6.4-2（b））并没有涉及向电网售电，仅跟电网进行购电交易；而模式 A_3 根据建筑所在区域的分时电价机制进行了优化,分别得出了四个典型日最优的电量交易方案,如图 6.4-2(a)所示。模式 A_3 在每个时间段均跟电网进行购售电交易,不断优化与电网进行购售电交易方案,达到综合效益最优的目的。

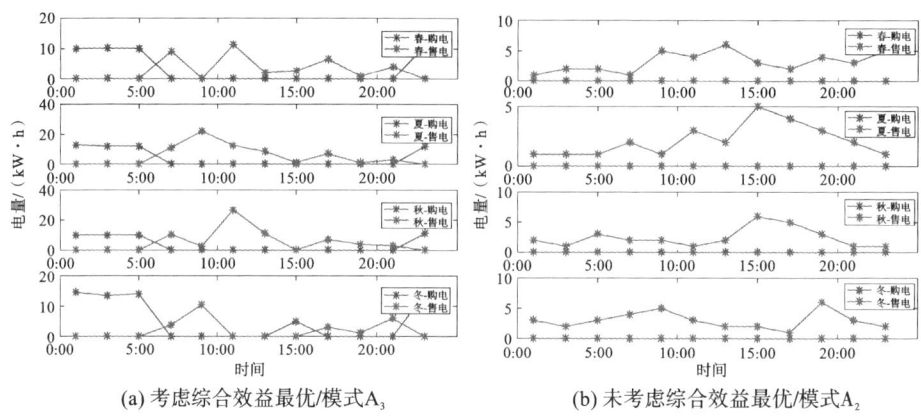

(a) 考虑综合效益最优/模式 A_3 (b) 未考虑综合效益最优/模式 A_2

图 6.4-2 电力交易方案对比

根据图 6.4-3 可知,在同样的用能负荷情况下,模式 A_1 在四个典型日中的综合效益为 -79 元。模式 A_2 按照常规技术配置节能设备,由于没有将综合效益作为优化目标,所得的综合效益为 123 元。采用模式 A_3 得到的综合效益为 290 元。在上述三种方法的比较中,模式 A_3 能够实现最大的综合效益。

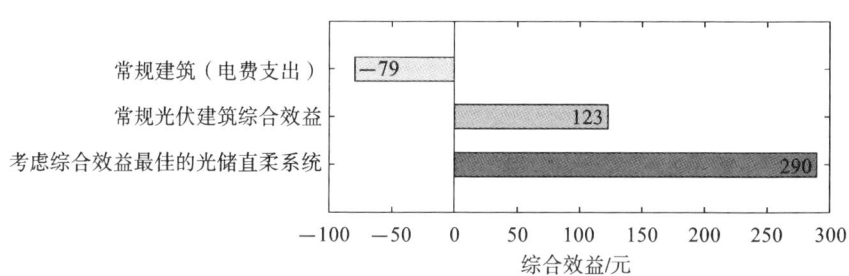

图 6.4-3 综合效益对比

6.4.2 基于 DEA 的 mPEDF 系统成本分摊共享方案

以 8 户欲参与 mPEDF 系统的独栋居民建筑($B_1 \sim B_8$)为例进行分析。应用 6.4.1 节的容量优化配置方法,可得出目前各用户的已知数据,如表 6.4-2 所示。

表 6.4-2　已知数据

建筑	光伏组件容量 /kW	储能容量 /(kW·h)	可节约电费 /(元/年)	负荷调节 贡献指标
	DEA 投入		DEA 产出	
B_1	30	5	2500	0.4854
B_2	5	5	1800	0.5469
B_3	5	10	2100	0.8003
B_4	10	7.5	1500	0.2785
B_5	7.5	3.5	3600	0.8142
B_6	20	5	2000	0.2435
B_7	5	10	1200	0.3499
B_8	10	3.5	1700	0.6160
待分摊总成本/万元			50	

考虑到总投资约为 50 万元,经协商,每户可出资的成本分摊范围为 2 万元至 9 万元。表 6.4-3 中给出了应用 6.3.2 节优化交易方法计算实际应分摊的投资成本结果与应用常规的平均分摊法得出的结果对比。

表 6.4-3　对比结果

建　　筑	本章方法的分摊 成本/万元	DEA 效率	平均分摊成本 /万元	DEA 效率
B_1	9	0.57	6.25	0.69
B_2	9	0.86	6.25	0.86
B_3	9	1	6.25	1
B_4	9	0.36	6.25	0.42
B_5	8	1	6.25	1
B_6	2	1	6.25	0.56
B_7	2	0.99	6.25	0.53
B_8	2	1	6.25	0.76
DEA 效率总和	6.79		5.82	

由表 6.4-3 可以发现,应用本章的分摊成本法得出的 DEA 效率总和达到了 6.79,并且有 4 户建筑的效率达到了 1。总体比应用常规的平均分摊成本法得出的 DEA 效率总和(5.82)高出了 16.7%。

6.4.3　sPEDF 系统优化选址方案

本小节以长江中下游某城市中心城区的 sPEDF 系统选址问题为例进行说明。该城区按照街道划分为 11 个区域，每区域中选取一个典型的住宅小区，分别为 $RU_1 \sim RU_{11}$。假设决策者认为，sPEDF 系统首要考虑的是所选地址附近交通要道的电动汽车车流量，其次为该地址的房价、交通可达性。最后，同等重要的为附近区域的人口密度和绿化空间可达性。

得出的 sPEDF 系统优选结果为 RU_6，其与非优选结果（RU_5）对比如图 6.4-4 所示。

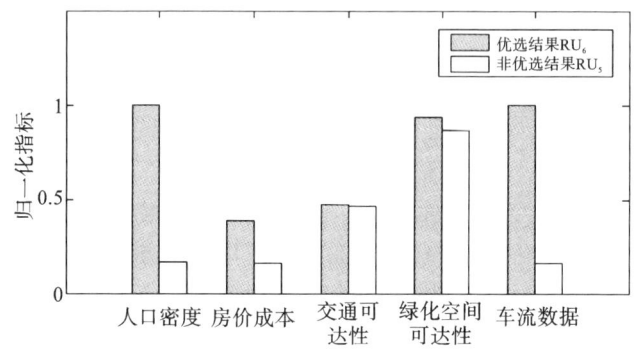

图 6.4-4　sPEDF 系统优选结果与非优选结果对比

从图中可以发现，优选结果 RU_6 各项指标的归一化指标均大于非优选结果，即意味着在人口密度、房价成本、交通可达性、绿化空间可达性、车流数据几个指标中，RU_6 均优于 RU_5。

6.4.4　光储直柔低压直流系统运行仿真

本小节在 MATLAB Simulink 中，根据图 6.4-5 的系统拓扑结构搭建了光储直柔低压直流系统的仿真模型[131-133]。

该模型中光伏板并联个数为 5 个，每个模块的光伏电池数为 60，模块最大功率为 200 W。光伏板的输入分别取春、夏、秋、冬四个季节的一个典型日的光资源条件进行分析。

（1）春季低压直流系统特性。

春季典型日光照条件下六种不同的低压直流系统特性如图 6.4-6 所示。

图 6.4-6 中，(a) 为电流随时间变化的曲线，其中 i_B 为电池的充电电流，$i_{B\text{-ref}}$ 为直流母线电压经过 PI 控制器输出得到的参考充电电流，可以发现，$i_{B\text{-ref}}$ 与 i_B 相差不超过 20%；(b) 为光照强度随时间变化的曲线，其中 i_{rr} 为春季典型日下光

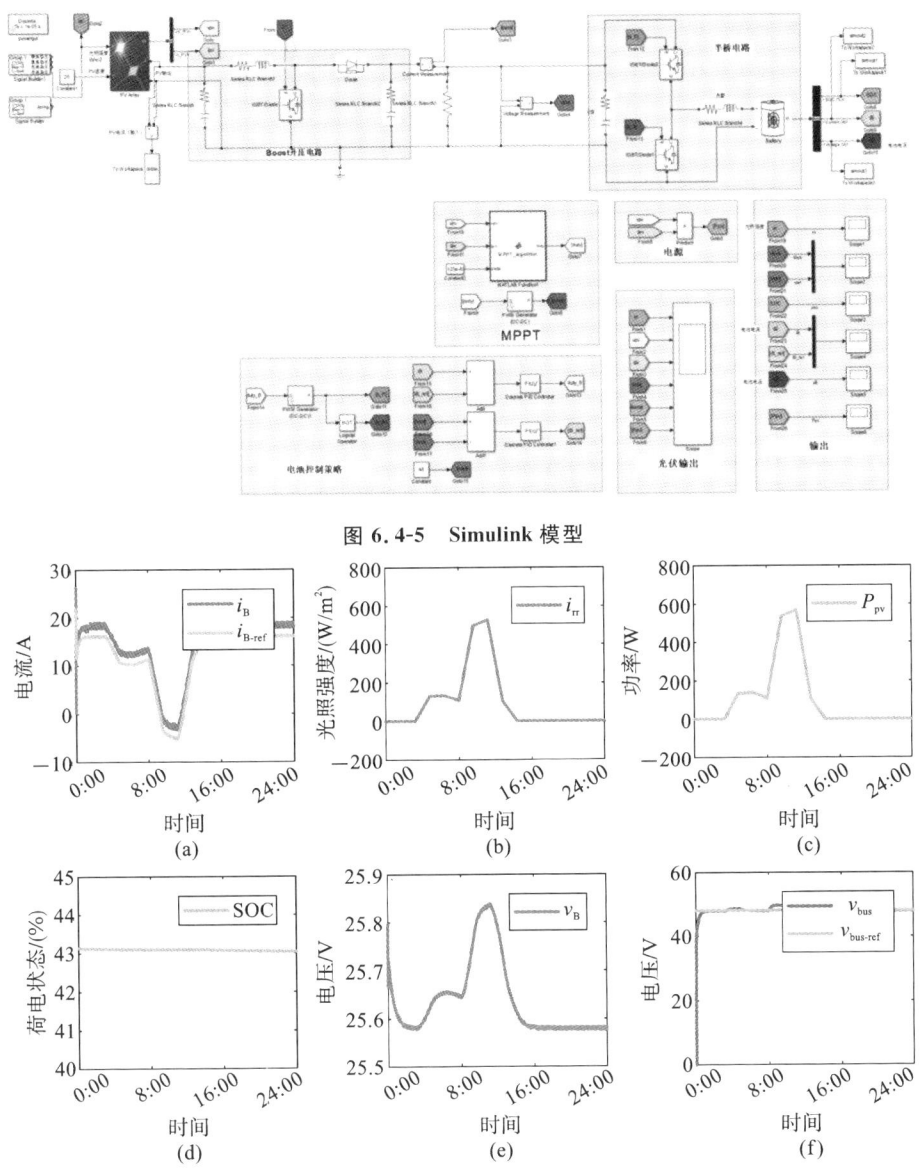

图 6.4-5　Simulink 模型

图 6.4-6　春季典型日光照条件下低压直流系统特性

伏输入的光照强度；(c)为功率随时间变化的曲线，其中 P_{pv} 为光伏组件实际产生的功率，该功率与光照强度基本成正比；(d)为储能电池的荷电状态曲线，电池荷电状态基本维持在 43% 左右的水平；(e)为电池电压随时间变化的曲线，v_B 为电池电压，基本上维持在 25～26 V；(f)为母线电压随时间变化的曲线，其中 v_{bus} 为母线电压，$v_{bus\text{-}ref}$ 为由于引入了电池充电控制策略而维持恒定的母线电压(48 V)。

（2）其他季节典型日低压直流系统特性。

其他季节典型日低压直流系统特性如图 6.4-7～图 6.4-9 所示。

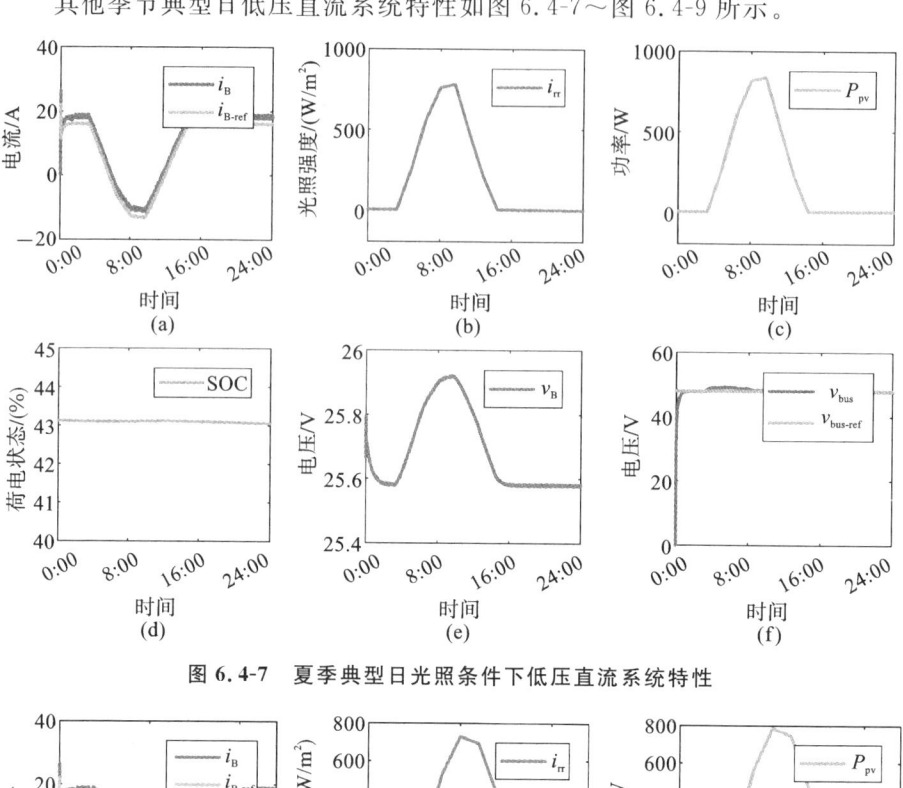

图 6.4-7　夏季典型日光照条件下低压直流系统特性

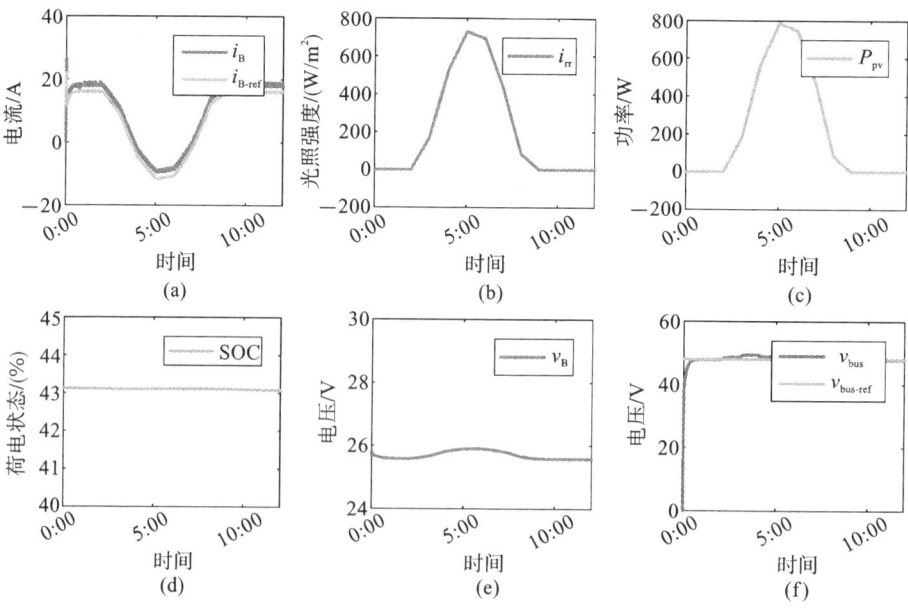

图 6.4-8　秋季典型日光照条件下低压直流系统特性

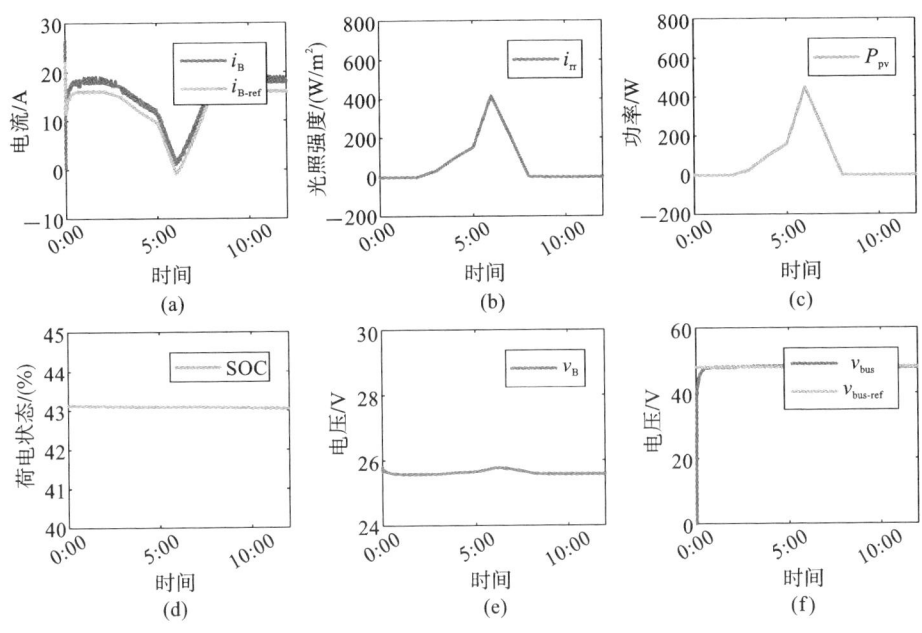

图 6.4-9　冬季典型日光照条件下低压直流系统特性

与春季典型日的系统特性类似,图 6.4-7~图 6.4-9 中,无论光照条件 i_{rr} 如何发生改变(不同季节光照条件不同),电池电压基本稳定在 25~26 V,而母线电压总是维持为所设定的恒定电压(48 V)。因此,说明该系统能够较好地保持稳定性,从而实现光储直柔低压直流系统的稳定运行。

6.5　本章小结

本章首先阐述了光储直柔系统的运行调控机制,为光储直柔系统的优化运行提供系统理论基础。随后搭建了光储直柔系统的各类数学优化模型,提出光储直柔系统的优化运行模型、mPEDF 系统优化交易与成本分摊模型、sPEDF系统的优化选址模型。最后在仿真分析中分别对以上模型进行了验证与对比,证明了所提数学优化模型的有效性。

第 7 章　考虑碳交易的光储直柔系统优化运行方案

建筑物是城市能源消耗的关键领域之一,也是温室气体排放的主要来源。目前,碳交易市场正逐渐扩展到建筑领域,以控制温室气体的排放。为了平衡环境和建筑用户的利益,在第 6 章建模研究基础上,本章进一步提出了一种考虑碳交易的光储直柔系统优化运行方案。该方案在传统光伏和储能系统模型的基础上,以建筑对经济、社会和环境的综合效益为优化目标,以建筑的近零能耗和碳排放限制为主要约束条件,提出了该系统的数学模型。本章所提优化运行方案能够在用户收益、建筑的环境友好性之间进行权衡,给出最优的结果,并且进一步分析了不同碳价和碳排放基准线的组合对建筑综合效益产生的影响。

7.1　引言

目前工程上对于光储直柔概念的解析大多是将光伏建筑、储能、低压直流配电网等技术直接进行组合应用[134-137],实际上光储直柔系统能够通过合理分配可再生能源,发挥更大的效益。本章提出了一种考虑碳交易的光储直柔系统优化运行方案:以建筑对经济、环境、社会带来的综合效益最大为优化目标,并且将碳交易量作为优化目标的一项重要组成部分,以建筑的全年近零能耗与分时电价政策为主要约束条件,最终得出最佳的优化运行方案。

7.2　考虑碳交易的光储直柔系统

为实现光储直柔系统的最优运行,须制定考虑光伏、储能系统运行的一系列协同优化调度策略,本章基于第 6 章建模理论,首先补充了考虑碳交易的光储直柔系统建筑优化模型。

7.2.1　光储直柔系统模型

（1）分布式光伏。

建筑光伏发电公式为：

$$P_{pv} = (\lambda_1 p_{pv} s_1 + \lambda_2 p_{pv} s_2)\frac{H}{G_{st}} \tag{7.2-1}$$

式中，P_{pv} 为建筑光伏组件以最佳倾角铺设的发电效率，但是实际的发电效率与光伏板的铺设倾角有关；λ_1 和 λ_2 为建筑顶面和朝阳立面的发电系数，通常 $\lambda_1 = 1$，$\lambda_2 < 1$；s_1 和 s_2 分别为光伏组件在建筑顶面和朝阳立面的铺设面积；G_{st} 为太阳辐照度的标准参考值。

（2）储能系统模型。

储能系统的能量平衡方程为：

$$\mathrm{SOC}(t) = \varphi \mathrm{SOC}(t-1) + \tau(P_{charge}\eta_{charge} - \frac{P_{discharge}}{\eta_{discharge}}) \tag{7.2-2}$$

式中，$\mathrm{SOC}(t)$ 为储能系统在 t 时刻的荷电状态；φ 为储能效率；τ 为时间步长；P_{charge} 和 $P_{discharge}$ 分别为储能的充/放电功率；η_{charge} 和 $\eta_{discharge}$ 分别为充/放电效率。

（3）功率平衡模型。

注入母线的功率平衡方程为：

$$P_{pv}(t) + P_{buy}(t) + P_{discharge}(t) = P_{load}(t) + P_{charge}(t) + P_{sell}(t) \tag{7.2-3}$$

式中，$P_{buy}(t)$ 和 $P_{sell}(t)$ 分别为系统向电网购、售电功率；$P_{discharge}(t)$ 和 $P_{charge}(t)$ 分别为储能电池充/放电功率；$P_{load}(t)$ 为建筑用户的负荷。

（4）近零能耗模型。

光储直柔系统有两种用电模式，即通过建筑光伏发电或向电网购电。为了实现光储直柔系统的高清洁能源渗透率，在本书中近零能耗的概念定义为光储直柔系统全年产生的电量应不小于系统向电网购买非清洁电能的总量，即：

$$\sum_{t=1}^{8760} P_{pv}(t) \geqslant v\sum_{t=1}^{8760} P_{buy}(t) \tag{7.2-4}$$

式中，v 为当地电网中清洁能源的占比。

（5）分时电价政策。

我国各省分时电价政策均有不同，应根据当地具体情况调整。以长江中下游某城市为例，2021 年该地 83.3 kW 及以上工商业购电电价为：

$$C_{buy}(t) = \begin{cases} 0.690, & t = (07:00,09:00] \cup (15:00,20:00] \cup (22:00,23:00] \\ 1.029, & t = (09:00,15:00] \\ 1.243, & t = (20:00,22:00] \\ 0.331, & t = (23:00,07:00] \end{cases}$$

$$(7.2-5)$$

7.2.2　目标函数

作为低碳节能的建筑系统,光储直柔系统的目标函数定义为使建筑对整体社会带来的综合效益 W 最大。其中,增量收益 S 除了考虑增量经济效益 S_{ec}、增量环境效益 S_{en}、增量社会效益 S_{so} 之外,本章还进一步考虑了增量碳交易效益 S_c 带来的影响。

(1) 增量碳交易收益。

本章中碳交易量主要以建筑运行过程中的碳排放来进行计算。我国的发电量主要由火电、水电、核电、风电和太阳能发电构成,电能使用过程中的碳排放则主要由火电燃烧煤炭产生,我国煤电单位发电量碳排放 K_{unit} 约为 838.6 g/(kW·h)[138]。碳排放基准线往往需要综合考虑人口规模和增长、社会经济结构等因素进行确定,本书将其定义为 K_c[139-140],光储直柔系统在运行过程中所产生的碳排放定义为 K_o,当年平均碳价定义为 r_c。

目前,全国多地已允许建筑、个人参与碳交易,因此,光储直柔系统能够从碳交易市场中获取的增量碳交易效益 S_c 为:

$$S_c = \sum_{t=1}^{n} \big[K_c(t) - K_o(t) \big] r_c \qquad (7.2-6)$$

$$K_o = K_{unit} \eta_{coal} P_{buy} \qquad (7.2-7)$$

式中,n 为全年统计小时数,η_{coal} 为光储直柔系统所在区域电网中煤电渗透率,P_{buy} 为光储直柔系统向电网购入的电量。

(2) 增量经济效益。

增量经济效益主要指光储直柔系统的投资者能够从该系统中获得的经济效益。与未进行电力交易的普通建筑相比,增量经济效益为本应支出的电费与电网购售电交易收入之和。本章中将其定义为 S_{ec},其公式为:

$$S_{ec} = \sum_{t=1}^{n} \big[P_{load}(t) C_{buy}(t) + P_{sell}(t) C_{sell}(t) - P_{buy}(t) C_{buy}(t) \big] \quad (7.2-8)$$

式中,C_{buy} 和 C_{sell} 分别为该地区的分时购、售电价格。

(3) 增量环境效益。

本书将 PEDF 建筑为大气环境带来的增量环境效益定义为 S_{en}[141],其公式为:

$$S_{en} = \sum_{t=1}^{n} \Big\{ \eta_{coal} P_{pv}(t) \sum_{j=1}^{m} \big[G_{harm}(j) I_{harm}(j) \big] \Big\} \qquad (7.2-9)$$

式中，$P_{pv}(t)$ 为建筑每小时通过光伏产生的电量；j 为不同有害气体的种类；m 为有害气体总种类数；G_{harm} 为生产 1 kW·h 煤电所排放的有害气体量；I_{harm} 为排放各类有害气体所需的处理成本。

煤炭燃烧产生的有害气体主要包括 NO_x、SO_x、CO、CO_2、C_mH_n 等。根据《排污申报登记实用手册》，每度电耗煤 0.3~0.5 kg，燃烧 1 kg 煤产生 19 g SO_x（S 为煤的硫分），0.5~1 g CO，0.15~0.5 g C_mH_n，7.5~27.5 g NO_x[142]。

（4）增量社会效益。

本节将增量社会效益 S_{so} 定义为社会节约的电力投资与 PEDF 建筑产生的社会效益，其公式为：

$$S_{so} = \gamma \sum_{t=1}^{n} P_{pv}(t) \tag{7.2-10}$$

式中，γ 为节电综合社会效益单价。

（5）增量成本。

在以上计算过程中，需要考虑货币资金的时间价值，将光伏和储能设备投建费用转化为等年值进行计算[143]。假设设备初期投建总费用是 C_1，使用寿命为 n 年（本章中为 20 年），贴现率为 a，根据货币资金的实际价值，等年值费用 $C(t)$ 通过下式计算：

$$C(t) = \frac{C_1(1+a)^n a}{(1+a)^n - 1} t \tag{7.2-11}$$

光伏组件初期投建成本 C_{pv} 为：

$$C_{pv} = (s_1 + s_2 + k_{pv}) I_{pv} \tag{7.2-12}$$

式中，I_{pv} 为每平方米的光伏组件建造等年值成本，k_{pv} 为与光伏组件相关的建筑电力系统改造成本参数。

储能设备初期投建成本 C_{store} 为：

$$C_{store} = (CA_{store} + k_{store}) I_{store} \tag{7.2-13}$$

式中，CA_{store} 为储能设备的容量，I_{store} 为储能设备的等年值成本，k_{store} 为与储能系统相关的建筑电力系统改造成本参数。

建筑全年购售电成本 C_{grid} 为：

$$C_{grid} = \sum_{t=1}^{n} \left[P_{buy}(t) t_{buy} - P_{sell}(t) t_{sell} \right] \tag{7.2-14}$$

建筑运维成本 C_{op} 为：

$$C_{op} = a \cdot (s_1 + s_2) + b \cdot CA_{store} + c \cdot s \tag{7.2-15}$$

式中,a、b、c分别为单位光伏组件、储能设备、光储直柔系统的运行维护费用,以及相关直流线路的改造成本系数,s为光储直柔系统实际面积。

7.2.3 约束条件

(1) 储能系统约束。

储能系统t时刻的荷电状态$SOC(t)$由前一时刻的荷电状态$SOC(t-1)$及充/放电功率决定,并且受到自身最大充放电功率上下限的约束,如式(7.2-16)~式(7.2-20)所示:

$$SOC_{min} \leqslant SOC(t) \leqslant SOC_{max} \qquad (7.2\text{-}16)$$

$$SOC(t) = SOC(t-1) + (P_{t-1}^c \eta_c - P_{t-1}^d / \eta_d) \Delta t \qquad (7.2\text{-}17)$$

$$\left. \begin{array}{l} 0 \leqslant P_t^c \leqslant P_{max}^c \\ 0 \leqslant P_t^c \leqslant K \\ 0 \leqslant P_t^d \leqslant P_{max}^d \\ 0 \leqslant P_t^d \leqslant K(1-u) \end{array} \right\} \qquad (7.2\text{-}18)$$

式中,Δt为时间间隔;P_{t-1}^c为$t-1$时刻的充电功率;P_{t-1}^d为$t-1$时刻的放电功率;η_c和η_d为储能系统的充/放电效率;P_{max}^c和P_{max}^d分别为储能系统的最大充放电功率;u为储能系统的充放电状态,1为充电,0为放电;K为常数,作为辅助约束条件。

(2) 可铺设光伏组件面积约束。

光伏组件的面积约束应根据建筑物的类型、选址情况进行具体确定,即面积的约束范围为:

$$0 \leqslant s_1 \leqslant s_{1,max} \qquad (7.2\text{-}19)$$

$$0 \leqslant s_2 \leqslant s_{2,max} \qquad (7.2\text{-}20)$$

式中,$s_{1,max}$和$s_{2,max}$为该建筑顶面和朝阳立面可铺设的最大光伏组件面积。

(3) 碳排放约束。

为了能够从碳交易中获得收益,同时提高建筑的节能减排能力,本书设定了碳排放约束,即光储直柔系统在运行过程中通过购电产生的碳排放应小于该建筑的碳排放基准线,其公式为:

$$\sum_{t=1}^{n} K_o(t) < \sum_{t=1}^{n} K_c(t) \qquad (7.2\text{-}21)$$

7.3　优化运行策略

基于前述分析,本章中的优化运行策略可以用图 7.3-1 来总结表示。首先明确需要解决的问题,即需要提高光储直柔系统的综合效益,因此,本节建立了光储直柔系统的优化模型,给出了增量效益 S、增量成本 C、约束条件的定义。随后,本书以综合效益 W 最大为优化目标,确定目标函数。最终本书应用混合整数线性规划软件解决优化问题。

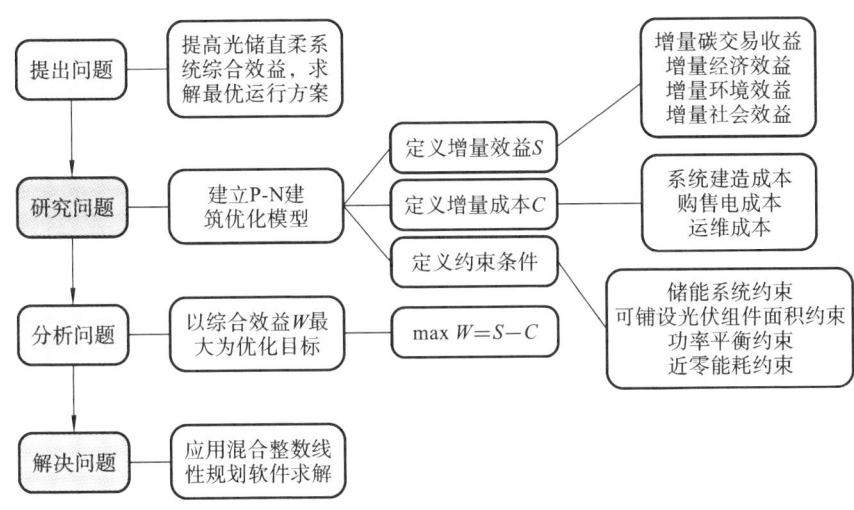

图 7.3-1　光储直柔系统优化运行策略

7.4　仿真分析

在仿真分析中,本书主要以居民建筑和商业建筑两种建筑类型为例进行分析。

7.4.1　居民建筑优化方案

该居住建筑位于长江中下游某城市 A。建筑的平面示意图及可铺设的光伏面积如图 7.4-1 所示。该户型位于某小区顶层,顶层平台属于该户型的私有空间,因此可以铺设屋顶光伏设备。经过测量,用户实际使用的建筑面积为 155 m^2,顶面最大可以最佳倾角(23°)铺设的光伏板面积 s_1 为 170 m^2。该建筑朝阳立面大部分为玻璃结构,为了保证立面的美观度,可以在朝阳立面采用光伏幕墙的形式,朝阳立面(90°)最大可安装的光伏组件面积为 30 m²。

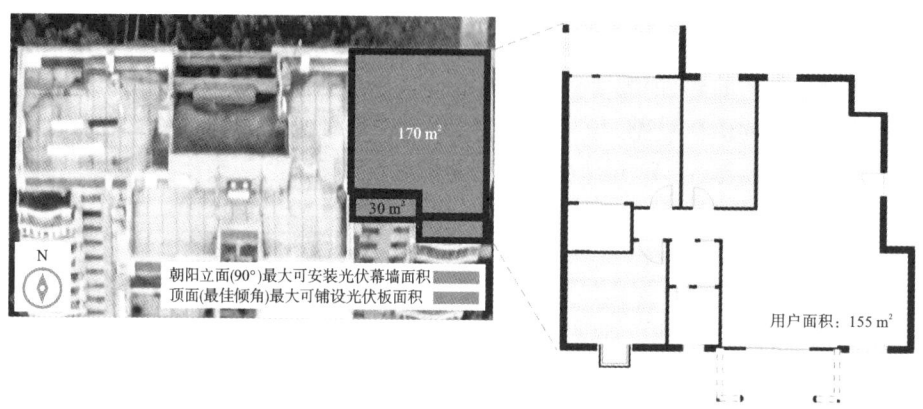

图 7.4-1 居住建筑户型及可安装光伏区域示意图

应用 PVsyst 软件收集该建筑所在区域的真实太阳辐照度数据(2021 年全年每 2 小时采集一次),选取一年中 4 个典型日:春季(3 月 24 日),夏季(6 月 11 日),秋季(9 月 25 日),冬季(11 月 6 日)的平均辐照度数据。另计算得到当 A 地以最佳倾角铺设屋顶光伏的发电效率为 100% 时,以 90°铺设光伏幕墙的发电效率约为 54%。目前市面上屋顶光伏发电功率为 100~250 W/m²,而光伏幕墙发电功率为 100~200 W/m²,故本章中选择光伏板发电功率为180 W/m²[144-149]。

进一步采集该建筑在上述四个典型日中的用电负荷,如图 7.4-2 所示。A 地属于典型的冬冷夏热地区,太阳平均辐照度在秋、夏季达到最高,冬季辐照度最低,春季适中。在夏季,需要应用空调制冷而冬季需要采暖,因此该建筑在夏季和冬季整体用电量相对较大。在每个典型日中,该建筑用电量基本集中在16:00—20:00 以及 6:00—8:00,而在白天太阳辐照度最高的时候用电量较少。从以上对比可以看出,太阳辐照度与该建筑用电量的趋势基本相反,需要应用储能与柔性控制系统来进行优化调节。

对于家用储能系统,其储能充放电的最大功率一般在 3~15 kW[146-147]。此处选取储能系统每小时最大放电量为 10 kW,储能的充放电效率为 90%。A 地所在电网清洁能源渗透率为 38%。当碳价为 380 元/吨,碳排放基准线为 581 g/m² 时,基于当地居民分时电价购售电政策以及可铺设面积等约束条件,得出该建筑的优化结果如表 7.4-1 所示,最优运行策略如图 7.4-3 所示。

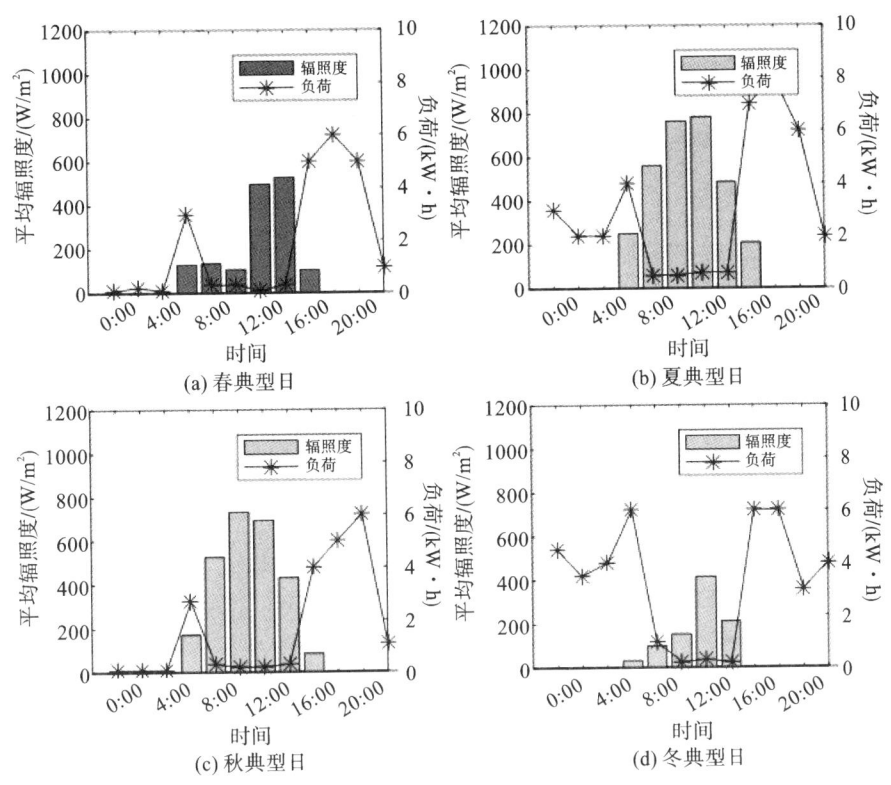

图 7.4-2　A 地平均辐照度及建筑用电负荷

表 7.4-1　优化结果(居民建筑)

$W/元$	$S_c/元$	s_1/m^2	s_2/m^2	$K_{store}/(kW \cdot h)$
340.1	290.0	0	79.2	>30

在图 7.4-3 中,左侧纵轴表示此刻储能系统的充/放电量,右侧纵轴表示此刻光储直柔系统购售电量。当折线图数据大于 0 代表此时储能系统为充电状态或系统此时从电网购电;当数据小于 0 代表此时储能系统为放电状态或系统此时向电网售电。根据表 7.4-1,可以发现经过优化求解得出,以上述 4 个典型日为计算单位,应用本书所提方法实现的综合效益为 340.1 元,其中包括碳交易收益 290.0 元。

该建筑应当在顶面以最佳倾角配置约 79 m² 的光伏板,而朝阳立面则不配置光伏板。这是考虑到朝阳立面的发电效率较低,顶面可铺设光伏组件的最大面积远大于该建筑所需的最佳光伏组件铺设面积,因此不需要在朝阳立面铺设光伏组件。该建筑储能容量应至少为 30 kW·h。

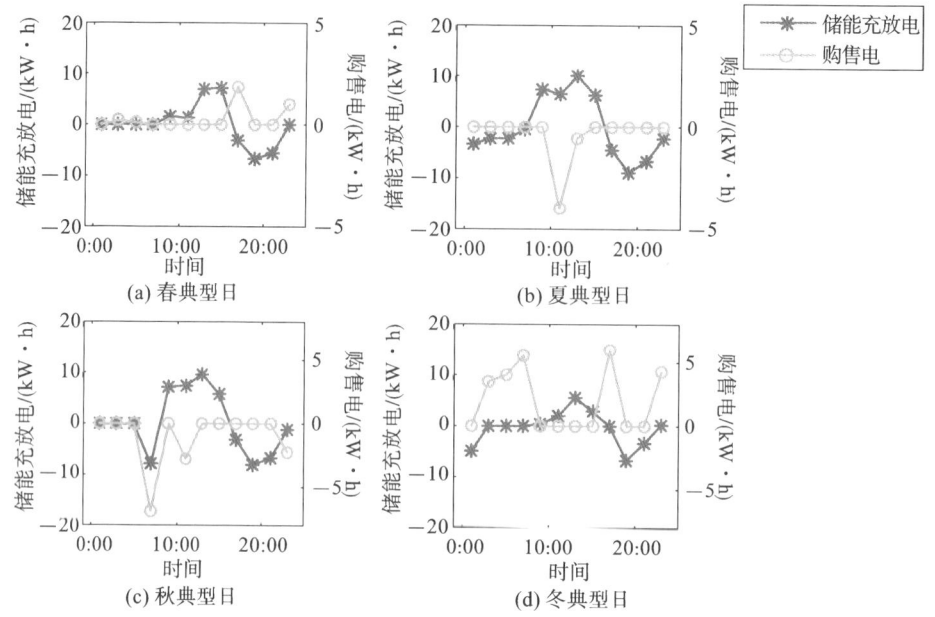

图 7.4-3　最优运行策略(居民建筑)

7.4.2　商业建筑优化方案

该商业建筑位于南方某城市 B,属于夏热冬暖地区。建筑的示意图如图 7.4-4所示。该商场建筑面积为 178000 m²,实际使用的商业面积为 109000 m²,而顶面可铺设的光伏面积最大为 25000 m²,朝阳立面为 3600 m²。

图 7.4-4　商业建筑示意图

采集 4 个典型日的用电负荷与太阳辐照度,如图 7.4-5 所示。

商业建筑的用电负荷与居民建筑不同,用电负荷趋势与太阳辐照度的趋势近似,呈现中间高、两头低的趋势,且负荷量较大。由于纬度原因,城市 B 在冬天的太阳辐照度较于城市 A 更高。

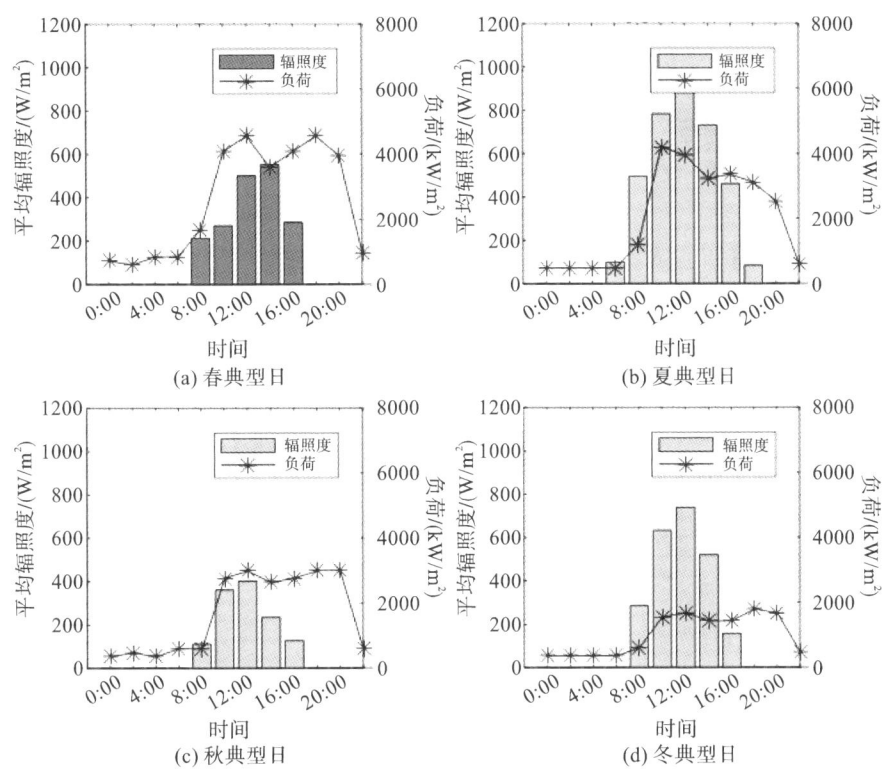

图 7.4-5 B 地平均辐照度及建筑用电负荷

以某兆瓦级储能系统为例,单个系统最大放电功率为 1 MW,假设该系统至少可并联/串联 10 个储能系统,则其最大放电功率为 10 MW。城市 B 所在电网清洁能源渗透率为 25%[148]。参考商场碳排放基准线为 501 g/m²,碳价为380 元/t。应用优化算法得到该建筑的最优硬件配置参数如表 7.4-2 所示,储能充放电策略如图 7.4-6 所示。

表 7.4-2 优化结果(商业建筑)

W/万元	S_c/万元	s_1/m²	s_2/m²	K_{store}/(MW·h)
18.3	11.7	3600	25000	>11

本例中,将在建筑朝阳立面和顶面以最大可铺设面积铺设光伏组件,综合效益可达到 18.3 万元,其中包括碳交易收益 11.7 万元。储能系统容量应大于11 MW·h。

7.4.3 不同碳交易条件的对比分析

本节以居民建筑为例进行详细分析。考虑到目前对于个人及建筑参与碳

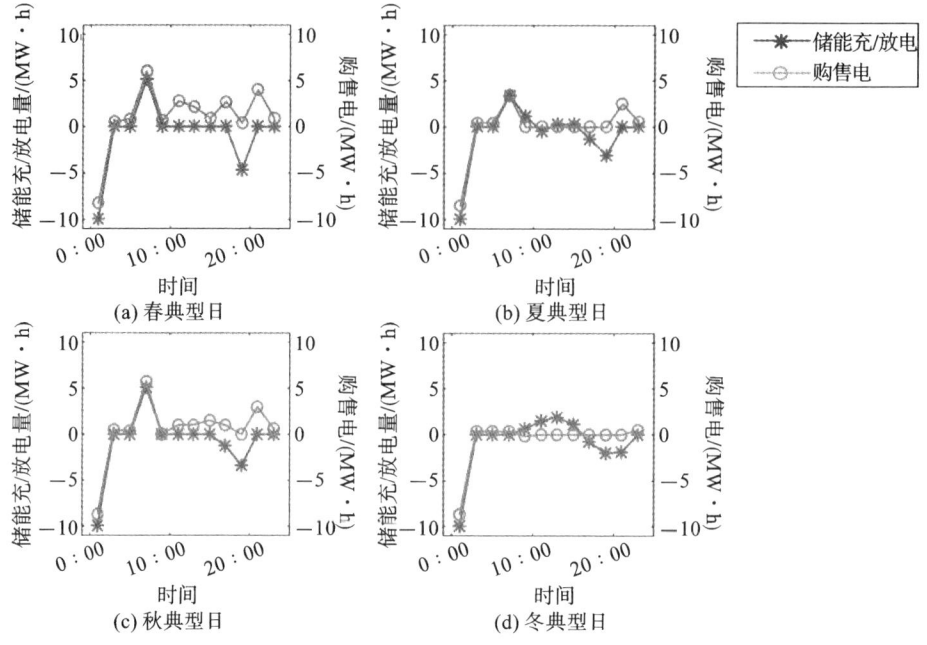

图 7.4-6　最优运行策略(商业建筑)

交易机制尚未完善,经换算得出本书中居民建筑 4 个典型日的碳排放基准线为 581 g/m² 或 131 g/m²,2021 年中国碳价均价约 50 元/t,欧洲碳价均价约 380 元/t,应用以上数据进行对比,总共可得到 4 种组合,如表 7.4-3 所示。

表 7.4-3　不同碳交易条件对比分析

指　　标	组　合　1	组　合　2	组　合　3	组　合　4
碳价/(元/t)	380	50	380	50
基准线/(g/m²)	581	581	131	131
W/元	340.1	105.8	75.1	67.1
S_c/元	290	32.5	24.9	0
s_1/m²	79.2	78.1	79.2	77.2
s_2/m²	0	0	0	0
K_{store}/(kW·h)	>30.2	>17.2	>30.2	>21.8

图 7.4-7 进一步给出了碳交易占综合效益的占比。

在表 7.4-3 和图 7.4-7 中,组合 1 属于"高碳价+高碳排放基准线",实现碳收益的占比最大,综合收益也最高。组合 2 和 3 分别属于"低碳价+高碳排放基准线"与"高碳价+低碳排放基准线",相应得到的综合效益与碳收益较为居

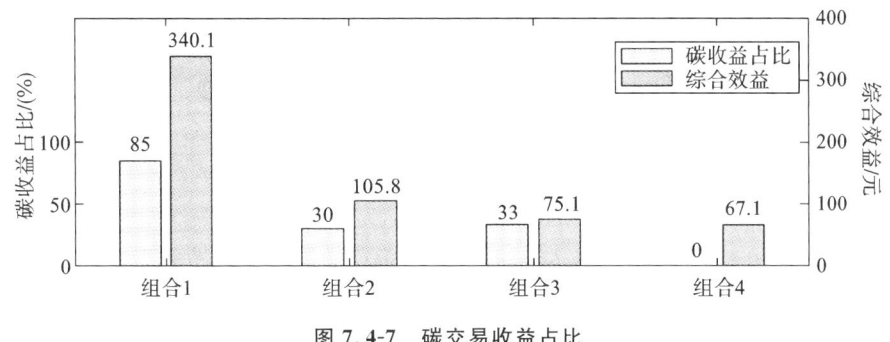

图 7.4-7 碳交易收益占比

中。而组合 4 属于"低碳价+低碳排放基准线"的组合,碳收益与综合效益最低。

从降碳、环保的角度来说,碳排放基准线应越低越好,而碳价则实时反映市场的供给与需求。其具体取值不仅需要根据实际碳排放水平来确定,还需要综合权衡当地碳市场现状、用户接受度等因素。基于本书分析,从碳价与碳排放基准线对于光储直柔系统用户的影响来看,碳价越高、碳排放基准线越高,对于建筑用户来说收益更大,更能够促进传统建筑的新能源改造。

7.5 本章小结

本章的研究重点是考虑碳交易的光储直柔系统的优化运行策略。以综合效益为主要优化目标,求解出建筑的整体优化运行策略,其中包括光伏组件和储能系统容量的优化分配结果以及与电网、储能系统的电力交易、运行方案。通过案例研究,证明了所提方法的有效性,可以得出以下结论。

（1）所提出方法将节能建筑和建筑微电网的优化条件相结合,获得了更优的光储直柔系统运行策略。该方法不仅节省了建筑用户的电费,而且增加了整体收益。

（2）碳交易的实际条件对光储直柔系统的综合效益存在影响。当建筑的碳价格和碳排放基准线较高时,建筑用户可以获得更大的收益,但实际的碳交易条件需要综合当地碳市场的现状和其他因素来确定。

第8章 基于 DEA 成本分摊的建筑群能源交易方法

本章提出了一种基于 DEA 成本分摊的建筑群点对点能源交易方法(P2P)。该方法包括三层优化模型,第一层优化模型对参与 P2P 能源交易的用户进行微电网的容量优化配置与运行调度;第二层优化模型在第一层优化的基础上,根据用户贡献大小进行更加公平的成本分摊;第三层优化模型提出了一种 P2P 能源交易的动态定价机制。本章使用仿真分析模拟了现实中可能出现的三种场景,并且应用对比分析验证了所提方法的有效性。

8.1 P2P 能源交易原则

随着分布式能源的迅速发展,越来越多的建筑用户(包括居民建筑、商业建筑)在自有建筑的屋顶或屋面铺设光伏组件或在建筑内部安装储能系统。光伏产生的电力为建筑用户带来了清洁能源,户用储能系统也能够通过削峰填谷优化建筑的用电策略。但是,不同建筑的地理位置存在差异,有的建筑日照条件十分充分,光伏产生的电量过剩,而有的建筑日照条件不佳,光伏电能无法满足日常负荷需求。光伏条件的不均衡可能会限制分布式能源在建筑侧的推广和发展。

P2P 通过信息技术将人们直接联系起来,让人们通过互联网直接交互,去除中间服务器的连接。P2P 能源交易则是近年来较为新兴的一种概念,由具有分布式能源的多个用户组成,安装有分布式能源的用户既作为能源消费者,也作为能源产生者,因此称为"产消者",既参与发电又参与用电。P2P 通过将每个产消者直接连接到一起,以"共享经济"的形式,实现资源利用的最大化。对于发电过剩的建筑用户来说,可以通过 P2P 能源交易向邻近用户出售电力,从而赚取一定的收入;对于发电量不足的用户,则可以通过 P2P 以低于市电的价格购入清洁电力。这样,使得建筑用户之间达成了"友好协议",从而实现"双赢"。

近年来,P2P 能源交易得到了广泛的推广,根据论文[149-151] 的统计,自 2017 年起,P2P 能源交易相关的论文数量得到了大幅增长。P2P 能源交易的研究对象主要有集中式市场、分散式市场和分布式市场。集中式市场存在一个管理者,通过管理者对微电网内部的电量进行统一控制和交易。分散式市场则与集中式市场相反,由用户与其他用户进行直接交易。分布式市场则是通过内部交易的价格来间接影响用户的购电行为,属于介于集中式市场与分散式市场中间的一种机制。分布式市场交易方法既能够实现微电网内的"去中心化",保护用户的交易数据,同时也提高了用户对于购电的自主选择性[152-155]。

高昂的新能源设备成本费用可能会限制新能源在建筑中的发展,但是通过 P2P 的交易模式(图 8.1-1)实现共享经济能够推进建筑能源清洁化的发展。本书在 P2P 分布式市场的启发下,考虑到新能源设备主要为"一次性投资"(不计后期运维等费用),对于想要加入 P2P 能源交易的用户,设计了基于 DEA 理论的优化运行与成本分摊方法。本书首先提出了建筑微电网的优化运行方案,用户从单一地向电网购电变为可选择向电网购电、微电网内能源交易或者自发自用。随后本书结合优化运行方法所改变的用能参数,对微电网中投资的新能源设备进行成本分摊。对于没有铺设光伏且想要加入能源交易的用户,则可应用所提的动态定价机制根据已有的运行方案进行内部交易的定价[156-158]。

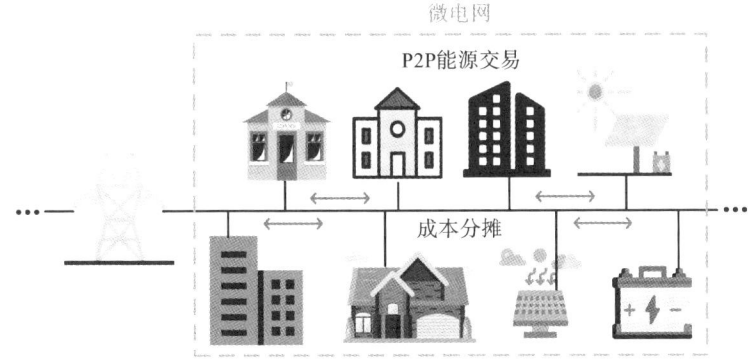

图 8.1-1　P2P 能源交易示意图

8.2　微电网优化运行(第一层优化)

建筑微电网的优化运行为本书的第一层优化模型。当多个建筑联合形成微电网时,为了实现能源的最大化利用,需要首先在内部形成联合运行方案。在目前现有的光伏安装条件下,微电网整体应尽可能少与外网进行电力交易,尽可能在微电网内部自发自用。本书建立了微电网的运行模型。

8.2.1　数学模型

本章场景中,需要涉及的模型有分布式光伏、储能系统、产消者负荷模型、分时电价模型、等年值成本计算等。考虑到以上模型在前述章节中已有介绍，因此本章不再赘述。

8.2.2 目标函数

为了尽可能地实现新能源在 P2P 建筑群中的就地消纳，目标函数应以建筑群整体外部电力交易量 W_1 与外网的交易费用 W_2 之和 W 尽可能小为目标，其计算公式为：

$$W_1 = \sum_{i=1}^{m} \Big[\sum_{t=1}^{n} (P_t^{\text{buy},i} + P_t^{\text{sell},i}) \Big] \tag{8.2-1}$$

$$W_2 = \sum_{i=1}^{m} \Big[\sum_{t=1}^{n} (P_t^{\text{buy},i} C_{\text{buy},t} + P_t^{\text{sell},i} C_{\text{sell},t}) \Big] \tag{8.2-2}$$

$$W = \omega_1 W_1 + \omega_2 W_2 \tag{8.2-3}$$

式中，$i(i=1,2,\cdots,m)$ 为产消者；t 为时间步长；$P_t^{\text{buy},i}/P_t^{\text{sell},i}(t=1,2,\cdots,n)$ 为建筑 i 在 t 时刻向外网购入的电量；ω_1 和 ω_2 为权重。

本章节采取的方法是将多目标优化（W_1 和 W_2）转换为单目标优化 W。如果 W_1 和 W_2 的维度差别太大，可以通过权重 ω_1 和 ω_2 来调整 W 的维度。

8.2.3 约束条件

本章约束条件包括储能系统约束、建筑群功率平衡约束、用户功率约束、收益约束。除前述已说明的储能系统约束条件，还需要以下约束条件。

（1）建筑群功率平衡约束。

建筑群在参与 P2P 能源交易之后，电能来源有外网电力 $P_t^{\text{grid},i}$、内网购入电力 $\sum P_t^{a,i}$（其他产消者 a 提供给产消者 i 的电能总和），以及自身发的电量 $P_t^{\text{pv},i}$，电能去向有自身用电 $P_t^{\text{load},i}$、卖给外网 $P_t^{\text{out},i}$、卖给建筑群内部 $P_t^{\text{in},i}$。因此对于每个产消者 i 均存在以下约束：

$$P_t^{\text{grid},i} + \sum P_t^{a,i} + P_t^{\text{pv},i} = P_t^{\text{load},i} + P_t^{\text{out},i} + P_t^{\text{in},i} \tag{8.2-4}$$

（2）用户功率约束。

PEDF 建筑作为城市中的分布式能源站，为了维护整体电力系统的稳定性，注入电网的电量不应该超过一定限制。例如在中国，对于小型的分布式电站，最大注入功率不应该超过 400 kW（接入 380 V 线路）。在本书中则进一步进行限制，经过优化运行之后，为了减小对电网的冲击，每个用户购电功率和售电功率不应大于原有负荷的最大值，其计算公式为：

$$\sum P_t^{\text{grid},i} \leqslant \sum P_t^{\text{load},i} \tag{8.2-5}$$

$$\sum P_t^{\text{out},i} \leqslant \sum P_t^{\text{load},i} \tag{8.2-6}$$

式中，$\sum P_t^{\text{grid},i}$ 为微电网从外部电网获得的电量；$\sum P_t^{\text{out},i}$ 为微电网卖给外部电网的电量；$\sum P_t^{\text{load},i}$ 为微电网的原始负荷。

（3）收益约束。

经过优化后，每个用户付出的资金（包括各个设备的等年值成本、P2P 内部交易费用、外网购电费用（$P_t^{\text{grid},i} \cdot C_t^{\text{buy},i} - P_t^{\text{out},i} \cdot C_t^{\text{sell},i} + C_{\text{total},y}^{\text{device}}$）至少应小于传统仅从电网取电的运行方法，其计算公式为：

$$P_t^{\text{load},i} \cdot C_{\text{buy},i} - (P_t^{\text{grid},i} \cdot C_{\text{buy},i} - P_t^{\text{out},i} \cdot C_{\text{sell},i} + C_{\text{total},y}^{\text{device}}) \geqslant 0 \tag{8.2-7}$$

8.3 基于 DEA 的建筑群投资成本分摊模型（第二层优化）

8.3.1 DEA 成本分摊理论

高昂的新能源设备成本费用可能会限制新能源在建筑中的发展。由于光伏、储能等设备属于一次性投资，因此在该微电网中可以首先讨论初期投资成本的合理分摊。

DEA 模型本身适用于考虑多投入的企业效率评价，即生产效率 η 为：

$$\eta(\text{DEA}) = \frac{\sum\limits_{i=1}^{n} \alpha_i q_i}{\sum\limits_{i=1}^{n} \beta_i p_i} \tag{8.3-1}$$

$$\max h_{j_0} = \frac{\sum\limits_{r=1}^{s} u_r y_{rj}}{\sum\limits_{i=1}^{m} v_i x_{ij}} \tag{8.3-2}$$

其约束条件为：

$$\frac{\sum\limits_{r=1}^{s} u_r y_{rj}}{\sum\limits_{i=1}^{m} v_i x_{ij}} \leqslant 1, \quad j = 1, 2, \cdots, n \tag{8.3-3}$$

$$u \geqslant 0, \quad v \geqslant 0$$

式中，α_i 为产出权重；β_i 为投入权重；q_i 为产出；p_i 为投入；x_{ij} 为第 j 个决策单元

对第 i 种投入要素的投放总量；y_{rj} 为第 j 个决策单元中第 r 种产品的产出总量；v_i 和 u_r 分别为第 i 种类型投入与第 r 种类型产出的权重系数。

基于上述的 DEA 理论，在本章 P2P 系统中，投入指标包括各用户需投入的建设或改造成本 $C_{c,i}$、各用户实际铺设的光伏组件容量 s_i、实际安装的储能系统容量 $E_{ess,i}$，其中，各用户需投入的成本 $C_{c,i}$ 为未知的决策变量，也是本书需要求解的每个用户的分摊成本。产出指标包括各用户可节约的电费 $P_{e,i}$、各用户的共享贡献指数 η_i。考虑到建筑光伏的铺设面积有限，因此各用户实际铺设的光伏组件的面积定义为可铺设的最大面积。为了发挥资源共享的最大效益，需要首先计算最合适的整体储能容量以及相应的优化运行策略，随后在这个基础上进行各用户的成本分摊。因此，本书首先基于各产消者进行优化运行方法的计算。

基于 8.2 节中的第一层优化建模，可以得到在建筑微电网中以和电网交易量最小为目标的优化运行策略。基于上述的优化运行策略进行成本分摊，则需要应用本节提到的成本分摊理论。

8.3.2　共享贡献指数

用户的共享贡献指数是在 DEA 分摊理论中的一项产出指标，主要由优化运行前后的用户用电方式决定。在进行优化运行之前，各用户的用电来源只能通过外网购电，其购电量为 $P_{buy,i}^{bf}$，进行优化之后，向外网的购电量减少为 $P_{buy,i}^{af}$。每个产消者 i 为整体微电网做的共享贡献指数为 η_i，其计算公式为：

$$\eta_i = \left| \frac{P_{buy,i}^{bf} - P_{buy,i}^{af}}{\sum_{i=1}^{n} P_{buy,i}^{bf} - \sum_{i=1}^{n} P_{buy,i}^{af}} \right| \tag{8.3-4}$$

考虑到用户在优化前后向外网购入的电量可能相等，若式（8.3-4）的分母为 0 时不可解，在这种情况下，若用户向外网整体购入的电量变化趋近于 0 时，则定义 η_i 为某个极小数。

8.3.3　DEA 分摊步骤

基于前述的分析，本书中 DEA 成本分摊方法共包括以下步骤。

①应用 8.2 节的优化运行模型进行容量配置。基于优化运行模型得到各产消者经过优化后的负荷曲线、应铺设的光伏组件容量、应安装的储能系统容量以及在实现共享分摊后，各产消者每年可节约的电费等。

②基于产消者的负荷曲线，定义各产消者为建筑群资源共享所做的贡献指数 η_i。

③定义 DEA 的投入和产出指标，求解各产消者技术效率 $\eta_1 \sim \eta_n$。其投入

指标包括:各产消者需投入的建设或改造成本 $C_{c,i}$、各产消者实际铺设的光伏组件容量 $E_{pv,i}$、实际安装的储能系统容量 $E_{ess,i}$。其中,各产消者需投入的成本 $C_{c,i}$ 为决策变量,即待求解的分摊成本。其产出指标包括:各产消者可节约的电费 $P_{e,i}$、各产消者通过负荷调节对建筑群资源共享的贡献指数 $P_{c,i}$。综上所述,得到以下优化模型:

$$\max \eta_i = \frac{\sum_{i=1}^{n}(u_j P_{e,i} + v_j P_{c,i})}{\sum_{i=1}^{n}(a_i E_{pv,i} + b_i C_{c,i} + c_i E_{ess,i})} \tag{8.3-5}$$

其约束条件为:

$$\frac{\sum_{i=1}^{n}(u_j P_{e,i} + v_j P_{c,i})}{\sum_{i=1}^{n}(a_i E_{pv,i} + b_i C_{c,i} + c_i E_{ess,i})} \leqslant 1, \quad i = 1,2,\cdots,n \tag{8.3-6}$$

$$P_{e,i}, \quad P_{c,i}, \quad E_{pv,i}, \quad C_{c,i}, \quad E_{ess,i} \geqslant 0$$

④应用混合整数线性规划算法求解各产消者需投入的成本 $C_{c,i}$。以各产消者需投入的成本 $C_{c,i}$ 为决策变量,以应用 DEA 计算得出的各产消者技术效率之和 $\sum_{i=1}^{n}\eta_i$ 最大为优化目标,以全部产消者需投入的总费用 C_{total} 不变为限制条件,各产消者可投入的成本约束范围为 $[x_1,x_2]$,得出各产消者分别需投入的成本 $C_{c,i}$。DEA 与混合整数线性规划方法嵌套求解步骤如图 8.3-1 所示。

综上所述,得出以下优化模型:

$$\max f = \frac{\sum_{i=1}^{n}(u_j P_{e,i} + v_j P_{c,i})}{\sum_{i=1}^{n}(a_i E_{pv,i} + b_i C_{c,i} + c_i E_{ess,i})} \tag{8.3-7}$$

其约束条件为:

$$\frac{\sum_{i=1}^{n}(u_j P_{e,i} + v_j P_{c,i})}{\sum_{i=1}^{n}(a_i E_{pv,i} + b_i C_{c,i} + c_i E_{ess,i})} \leqslant 1$$

$$\sum_{i=1}^{n} C_{c,i} = C_{total} \tag{8.3-8}$$

$$x_1 \leqslant C_{c,i} \leqslant x_2$$

$$P_{e,i} \geqslant 0, \quad P_{c,i} \geqslant 0, \quad E_{pv,i} \geqslant 0, \quad C_{c,i} \geqslant 0, \quad E_{ess,i} \geqslant 0, \quad i = 1,2,\cdots,n$$

式中,f 为目标函数。

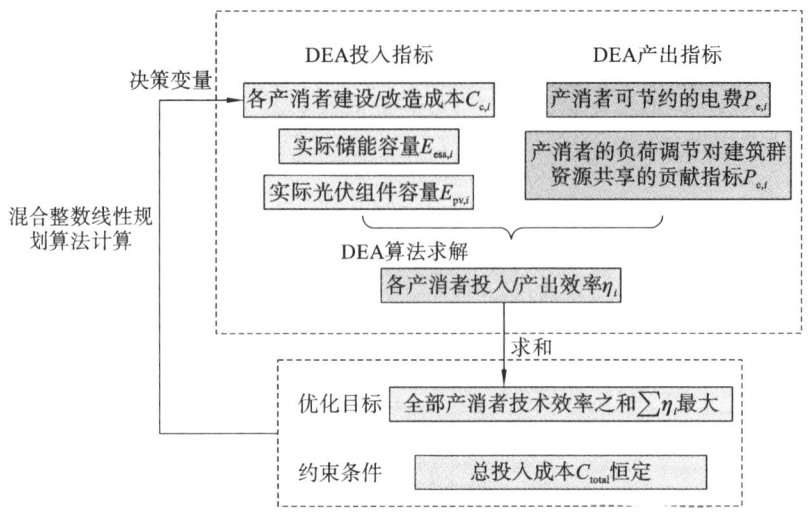

图 8.3-1　DEA 与混合整数线性规划方法嵌套求解步骤

8.4　建筑群能源交易方法(第三层优化)

第一层和第二层的优化交易方法能够使得从一开始就加入 P2P 能源交易的用户进行更加科学的成本分摊。但是在现实中,往往存在部分用户的建筑的光照资源并不适合于铺装光伏组件但仍想要参与 P2P 能源交易的情况;或者某些用户的建筑群已经完成分摊但仍有其他新用户想加入其中的情况。因此,需要一套对于其他用户加入 P2P 的定价机制。本节进一步提出了一种 P2P 交易的动态定价机制方法来对此类用户进行能源交易的定价,并且总结了在不同的交易场景下,各种优化方法的应用方式。

8.4.1　P2P 交易动态定价机制

本节应用最优化理论提出了一种 P2P 交易的动态定价机制。为了让用户倾向于在内部进行交易,P2P 的定价应尽可能低于外网的购电费用。其他的生产者用户也应当乐于在内网中交易,因此对于能源生产者,通过卖给内部的消费者产生的收益也应该高于直接卖给电网。总结出以下优化模型:

$$\min f = C_{\text{P2P},i}^{\text{total}}$$

（8.4-1）

其约束条件为：

$$0 \leqslant p_{\mathrm{b},t} \leqslant C_{\mathrm{buy},t}$$
$$0 \leqslant C_{\mathrm{grid},j}^{\mathrm{total}} \leqslant C_{\mathrm{P2P},j}^{\mathrm{total}} \tag{8.4-2}$$
$$0 \leqslant C_{\mathrm{P2P},i}^{\mathrm{total}} \leqslant C_{\mathrm{grid},i}^{\mathrm{total}}$$

式中，f 为目标函数；$C_{\mathrm{P2P},i}^{\mathrm{total}}$ 为消费者 i 在建筑微电网中总共付出的花费，本优化模型以 $C_{\mathrm{P2P},i}^{\mathrm{total}}$ 最小为优化目标；$p_{\mathrm{b},t}$ 为经过本节的优化得出的 P2P 内部交易电价（决策变量），其定价应当低于外网的实时购电费用 $C_{\mathrm{buy},t}$；$C_{\mathrm{P2P},j}^{\mathrm{total}}$ 为生产者 j 在 P2P 中获取的总交易费用；$C_{\mathrm{grid},j}^{\mathrm{total}}$ 为优化之前生产者将多余电量卖给电网获取的总交易费用，$C_{\mathrm{P2P},j}^{\mathrm{total}}$ 应不小于 $C_{\mathrm{grid},j}^{\mathrm{total}}$；$C_{\mathrm{grid},i}^{\mathrm{total}}$ 为优化之前消费者向电网购入的总交易费用，$C_{\mathrm{P2P},i}^{\mathrm{total}}$ 应当小于或等于 $C_{\mathrm{grid},i}^{\mathrm{total}}$。

8.4.2　能源交易方法

实际应用中 P2P 能源交易可能会遇到以下 3 种场景(图 8.4-1)。

(1) 场景 1——用户群计划集资安装新能源设备共享使用，且每一户均可以安装光伏板自发自用(所有用户均可以为自己或他人提供清洁能源)。

解决方案 1——在该场景下，须首先获取每个用户的负荷数据，并且测量每个光伏组件可安装的面积。应用 8.2 节的优化方法计算出每个用户的容量配置及优化运行方法，进一步在 8.2 节的计算基础上应用 8.3 节得到实际的分摊成本。

(2) 场景 2——用户群计划集资安装新能源设备共享使用，而部分用户因光资源条件不佳无法安装光伏板(部分用户无法为自己或他人提供清洁能源)。

解决方案 2——与解决方案 1 不同的是，在 8.2 节的优化过程中，须修改无法安装光伏组件的用户的初始条件，但在容量配置的过程中仍然需要考虑该用户，并且使该用户也参与后续的成本分摊。

(3) 场景 3——已有用户群已达成协议进行能源共享，另有其他用户想要加入能源共享。

解决方案 3——在场景 1 和 2 中，因为是在安装新能源设备之前进行协商，且新能源设备在后续的使用过程中不会支出其他费用(除运维费用)，因此可以直接应用 8.3 节成本分摊方法。在场景 3 中，对于已达成能源共享的其他用户首先应用 8.2 和 8.3 节的方法，对于之后想要参与 P2P 能源交易的用户，须重新拟定 8.2 节的优化运行策略，但该用户不再应用 8.3 节进行成本分摊，需应用 P2P 动态定价机制对该用户收费，并且付给其他提供能源的用户。

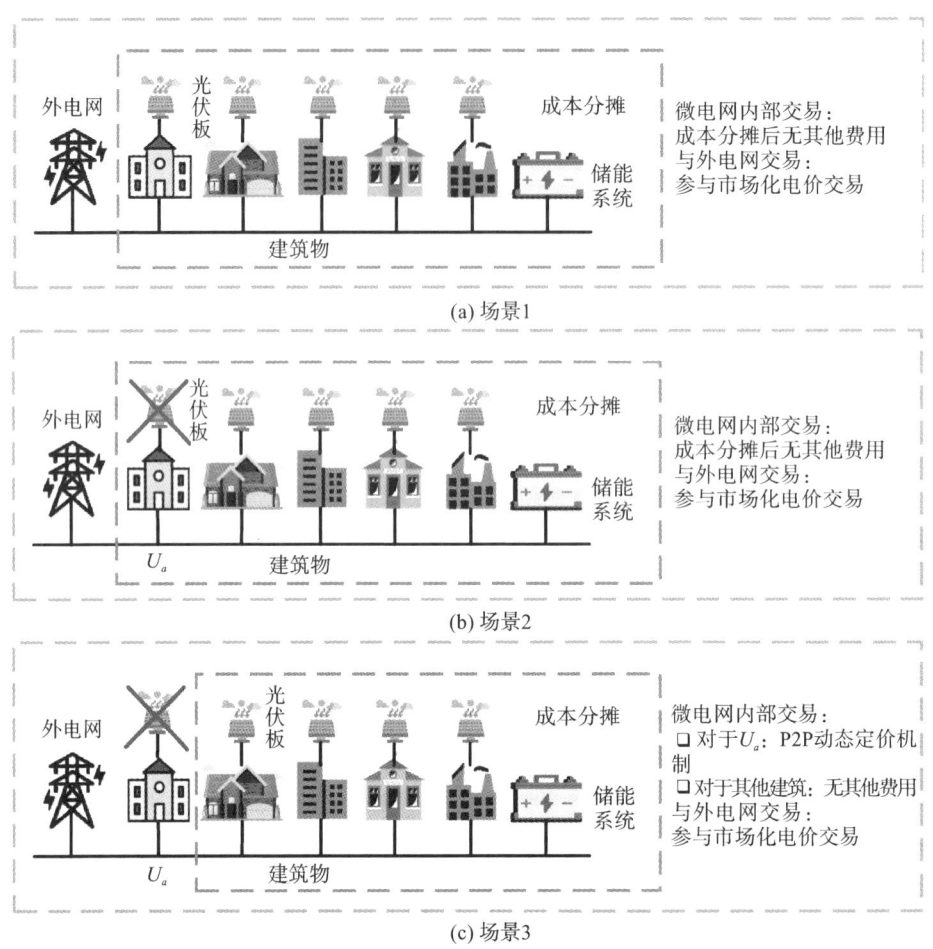

图 8.4-1　三种场景解释说明

8.5　仿真分析

本节的仿真场景以中国某南部省份某重点城市的实际光照数据和 5 栋工商业建筑的实际用电负荷为例进行说明。5 栋建筑 $B_1 \sim B_5$ 的相对位置如图 8.5-1 所示。

建筑 $B_1 \sim B_5$ 的用户性质分别为时装公司、烟草公司、购物中心、科技公司、酒店，经过初步测量，各用户能够在建筑顶面铺设的光伏组件面积（以光伏最佳倾角铺设）分别为 4400 m²、1400 m²、1800 m²、2250 m²、900 m²。取 2021 年四

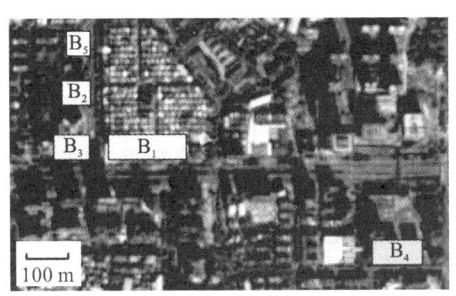

图 8.5-1　建筑 $B_1 \sim B_5$ 相对位置说明

季度中的四个典型日负荷为分析对象(3 月 17 日,6 月 23 日,8 月 11 日,11 月 16 日),相应的用户负荷与当地光资源分布情况如图 8.5-2 所示。

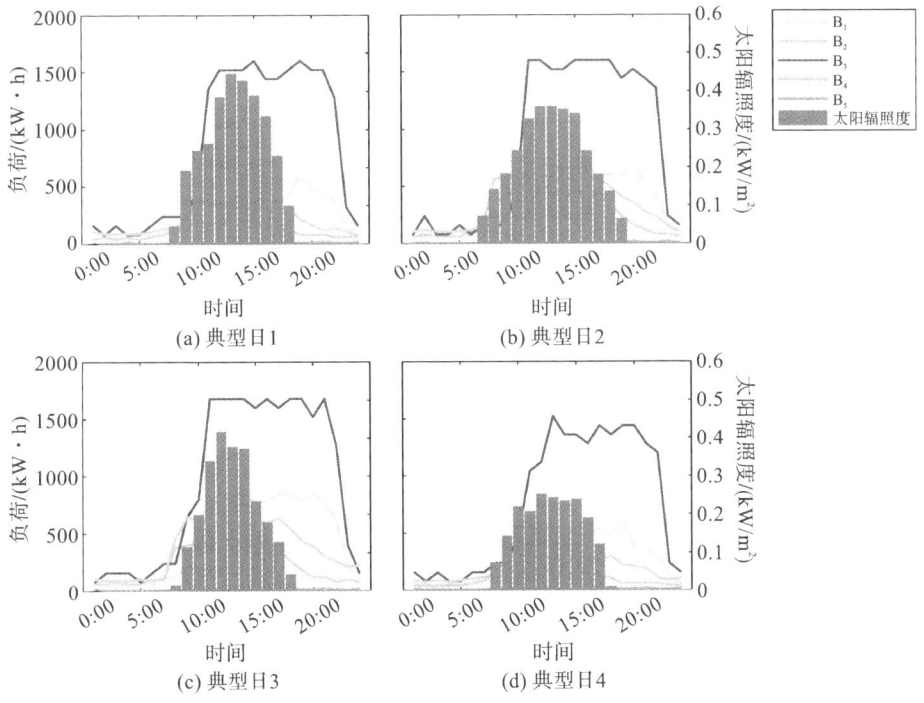

图 8.5-2　用户负荷与当地光资源情况

根据 8.2 节的分析,在微电网优化模型中,总体的目标函数应尽可能减少与外电网进行电量交易。储能系统的容量与占地面积、系统体积成正比,考虑到场地限制,整体的储能系统容量应不超过一定限制,本节以 2000 kW·h 为储能容量的最大放电程度,取放电深度为 0.9,因此储能容量最大不应超过 2222 kW·h。

8.5.1 场景 1——所有用户均参与分摊

当所有用户均参与分摊时,只需要在投资建设时支出相应的成本并根据优化得出的运行方法进行购售电,不需要在微电网内部进行定价交易。因此在前面的建模基础上,以典型日 1 为例得出了以下运行策略(图 8.5-3)。

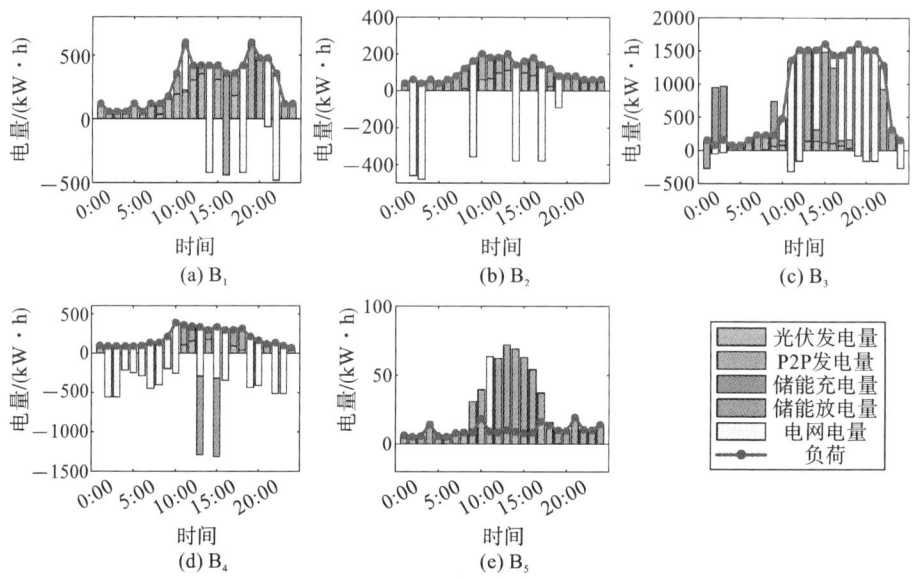

图 8.5-3 5 栋建筑用户的优化运行策略分析——场景 1(典型日 1)

图 8.5-3 给出了 5 栋建筑用户的优化运行策略分析。柱状图分别表示每一栋建筑自身的光伏发电量、与其他建筑之间的 P2P 发电量、向储能系统的充/放电量、电网电量。圆圈则表示各建筑自身的负荷。当柱状图为负值时则表示这个时间段应当向外网售电,或向储能系统充电。然而从图上可以发现,经过柱状图的正负抵消,最终的终点即为该建筑的负荷,表明经过优化运行后的方案与负荷功率平衡。

在上述优化运行方案的基础上,进一步结合所提的 DEA 成本分摊方法,投入指标分别为每栋建筑安装的光伏组件最大面积 s_i、经优化得出的储能系统容量平均值 $E_{ess,i}$、待求解的投入成本 $C_{c,i}$,产出指标分别为每栋建筑省下的电费开支 $P_{e,i}$、共享贡献指数 η_i。其 DEA 输入和输出参数见表 8.5-1,所得成本结果见表 8.5-2。

从表 8.5-1 和表 8.5-2 可以得出几个关键数据。经过所提的优化方法,在以上 4 个典型日中,各用户需付出的成本分别为 3192.5 元、1528.1 元、610.1元、349.5 元、242.8 元。但是与优化前相比,除去其他成本,5 栋建筑仍然共计可节约 20884 元,每个用户至少节约了 1600 元。

表 8.5-1　DEA 输入和输出参数(场景 1)

建　筑	输　入			输　出	
	s_i/m^2	$E_{ess,i}/\mathrm{p.\,u.}$	$C_{c,i}/元$	$P_{e,i}/元$	$\eta_i/\mathrm{p.\,u.}$
B_1	4400	200	待求解	9324	3.62
B_2	1400	200		7513	2.32
B_3	1800	200		5968	3.50
B_4	2250	200		1999	7.95
B_5	900	200		2000	0.20

表 8.5-2　所得成本结果(场景 1)

建　筑	$C_{c,i}/(\%)$	$C_{c,i}/元$	节约成本/元
B_1	53.9	3192.5	6131.2
B_2	25.8	1528.1	5986.4
B_3	10.3	610.1	5358.6
B_4	5.9	349.5	1651.1
B_5	4.1	242.8	1756.7
合计	100	5923.0	20884.0

8.5.2　场景 2——部分建筑无法为微电网提供能源,而所有的建筑参与成本分摊

仍然以上述 5 栋建筑为例,假设 B_5 的顶面因条件不符合而无法铺设光伏组件,但建筑 5 的用户仍然想参与微电网内部交易。在此类场景下,虽然建筑 5 无法为整体微电网提供能量来源(铺设光伏),但是仍然需要参与整体的优化调度与成本分摊。相应的优化调度方案如图 8.5-4 所示。

可以发现,图 8.5-4 中柱状图累加后的终点与该建筑的负荷(圆圈)重合,表明经过优化运行后的方案与负荷功率平衡。在上述优化运行方案的基础上,进一步得出各建筑应分摊的成本。对于 B_5 来说,其用能来源没有来自光伏的能量。应用 8.3 节提出的第二层优化方法,以 4 天为计算周期,得出相应的计算结果,如表 8.5-3 和表 8.5-4 所示。

从表 8.5-3 和表 8.5-4 可以得出几个关键数据。经过本章节所提的优化方法,在以上 4 个典型日中,总共需付出的设备成本为 5719.4 元。但是与优化前相比,除去其他成本,建筑群仍然共计可节约 19476.2 元。

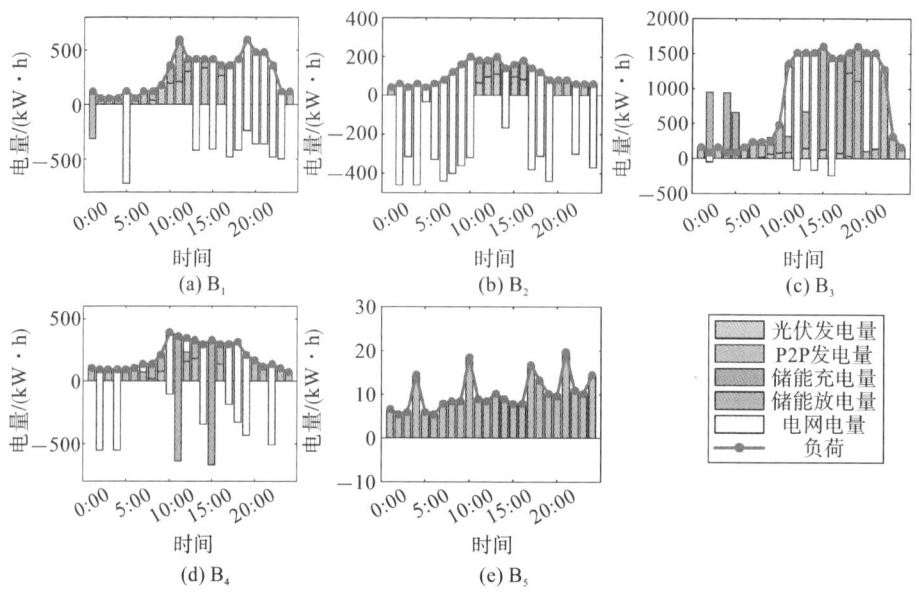

图 8.5-4　5 栋建筑用户的优化运行策略分析——场景 2(典型日 1)

表 8.5-3　DEA 输入和输出参数(场景 2)

建　　筑	输　　入			输　　出	
	s_i/m^2	$E_{\text{ess},i}/\text{p.u.}$	$C_{c,i}/\text{元}$	$P_{e,i}/\text{元}$	$\eta_i/\text{p.u.}$
B_1	4400	200		3837	2.33
B_2	1400	200		2890	6.99
B_3	1800	200	待求解	14468	3.34
B_4	2250	200		1999	2.26
B_5	/	200		2000	0.14

表 8.5-4　所得成本结果(场景 2)

建　　筑	$C_{c,i}/(\%)$	$C_{c,i}/\text{元}$	节约成本/元
B_1	35.9	2054.1	1783.5
B_2	22.2	1269.7	1620.4
B_3	29.3	1677.9	12790.0
B_4	7.7	439.0	1561.0
B_5	4.9	278.7	1721.3
合计	100	5719.4	19476.2

8.5.3　场景 3——后续加入的建筑，采用 P2P 交易

仍然以前述的 5 栋建筑为例，假设建筑 5 的顶面因条件不符合而无法铺设光伏组件，但建筑 5 的用户仍然想参与微电网内部交易。在此类场景下，虽然建筑 5 无法为整体微电网提供能量来源（铺设光伏），但是仍然需要参与整体的优化调度与成本分摊。相应的优化调度方案如图 8.5-5 所示。

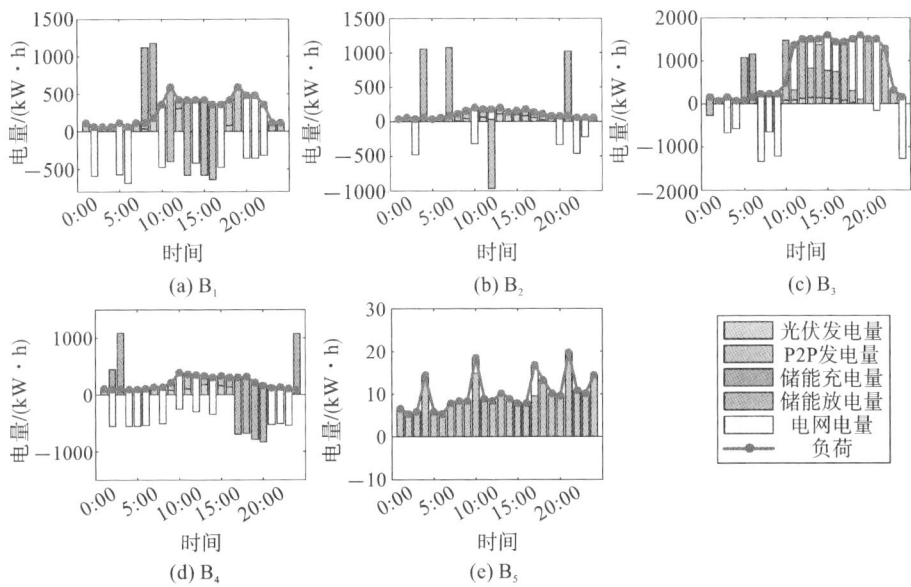

图 8.5-5　5 栋建筑用户的优化运行策略分析——场景 3（典型日 1）

可以发现，图 8.5-5 中柱状图累加后的终点与该建筑的负荷（圆圈）重合，表明经过优化运行后的方案与负荷功率平衡。在上述优化运行方案的基础上，进一步得出参与分摊的 4 栋建筑应分摊的成本，如表 8.5-5 和表 8.5-6 所示。

表 8.5-5　DEA 输入和输出参数（场景 3）

建　　筑	输　　入			输　　出	
	s_i/m^2	$E_{\mathrm{ess},i}/\mathrm{p.u.}$	$C_{c,i}/$元	$P_{e,i}/$元	$\eta_i/\mathrm{p.u.}$
B_1	4400	200		4133.2	3.86
B_2	1400	200		700.0	1.73
B_3	1800	200	待求解	20068.8	6.21
B_4	2250	200		700	5.18
B_5	/	/		/	/

表 8.5-6 所得成本结果(场景 3)

建 筑	$C_{e,i}$/(%)	$C_{e,i}$/元	节约成本/元
B_1	45.9	2626.8	6882.2
B_2	18.2	1040.8	49.8
B_3	27.9	1594.3	28730.0
B_4	8.0	457.5	248.8
B_5	/	/	216.3
合计	100	5719.4	36127.1

建筑 5 在建筑群内部的交易情况如图 8.5-6 所示。

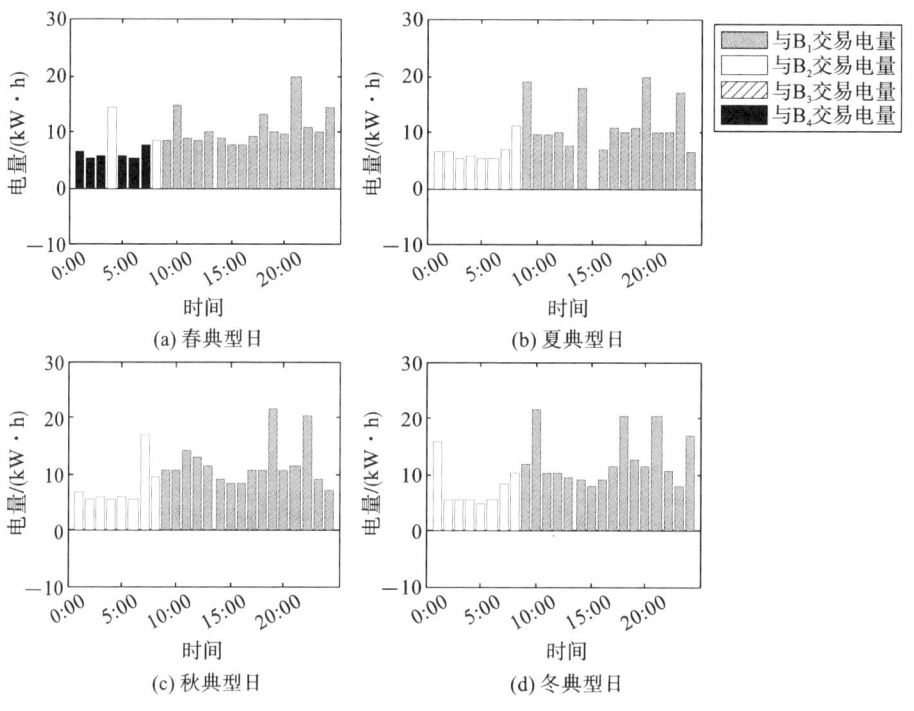

图 8.5-6 建筑 5 在建筑群内部的交易情况

可以发现,建筑 B_3 没有为建筑 5 提供电能,建筑 B_1 与 B_2 则为建筑 5 贡献了较多。考虑到整体微电网功率平衡以及电力价格的因素,另有部分的电量从电网中购入。此处进一步进行了经优化后的 P2P 电价与外网电价的对比,如图 8.5-7 所示。

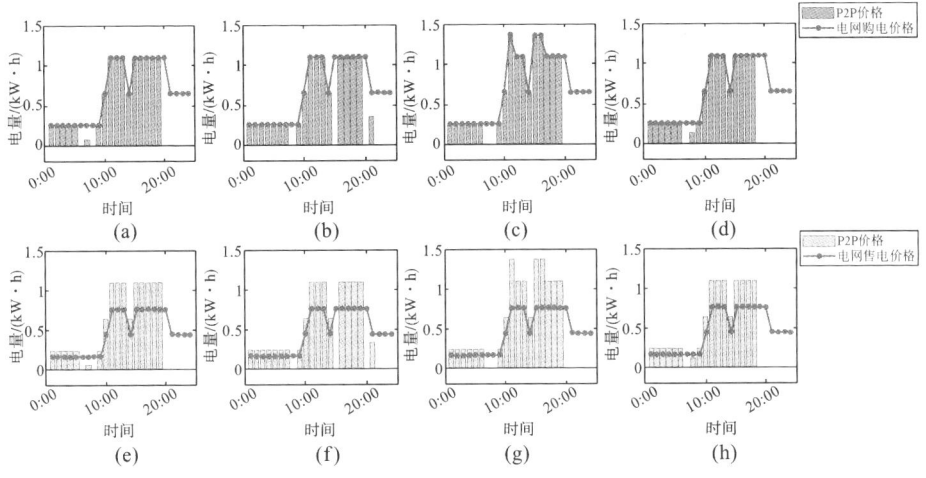

图 8.5-7　微电网群内部的 P2P 交易电价

图 8.5-7 中图（a）～（d）为 P2P 电价与电网的购电电价。在某些时段，P2P 的价格与电网的电价相同，但是在某些时段，P2P 的价格低于电网电价，甚至为 0，在这种情况下，需求方选择在内部进行 P2P 交易更加划算。图 8.5-7（e）～（h）则展示了 P2P 电价与售电电价的差异，可以发现，与外网的售电电价相比，P2P 售电电价在大部分情况下都高于电网的售电电价，因此对于电能的供给方来说，更加倾向于内部售电。

综上所述，经过一系列的优化运行、内部 P2P 的交易定价以及相应的成本分摊，能够减少微电网内部对外网电力的需求量，同时也能够减少整体的经济成本。

8.5.4　对比与分析

本节基于前述三种方案的优化结果，以建筑 5 的第一个典型日为分析对象进行分析，并且以优化前 B_5 独立用电（用电来源仅有电网）为参照组进行对比。在方案 1 中，建筑 5 铺设有 900 m² 的光伏组件，并且参与整体的优化运行以及成本分摊，因此建筑 5 的电能来源有电网、B_5 光伏组件的自身发电、B_1～B_4 的共享用电。在方案 2 中，建筑 5 没有铺设光伏组件，电能来源为电网以及 B_1～B_4 的共享用电，但是因为该方案在用能初期就参与了优化运行，因此需要参与成本分摊。在方案 3 中，B_5 同样未铺设光伏组件，电能来源为电网以及 B_1～B_4 的共享用电，由于后期才加入微电网群，因此与内部微电网需要通过 P2P 才能进行交易。不同方案的具体交易情况如图 8.5-8 所示。

实际上 B_5 在第一个典型日整体的负荷为 244.2 kW·h，图 8.5-8（a）表示优化前的参照组的负荷全部来源于电网。图 8.5-8（b）表明在方案 1 的场景下，

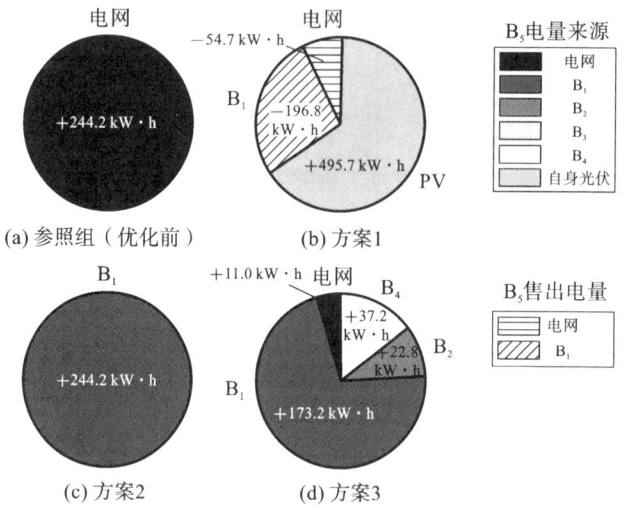

图 8.5-8　建筑 5 电量交易（典型日 1）

全天发电量为 495.7 kW·h，并且向电网售出了 196.8 kW·h 的电量（获取 42.1 元的收益），另有 54.7 kW·h 的电能提供给了 B₁。图 8.5-8(c) 表明在方案 2 的场景下，电能来源都来自 B₁。图 8.5-8(d) 表明在方案 3 的场景下，173.2 kW·h 的电能来源于 B₁，22.8 kW·h 的电能来源于 B₂，37.2 kW·h 的电能来源于 B₄，以 P2P 的内部能源价格进行交易。本章进一步分析了在图 8.5-8 的场景，四种方案中建筑 5 的花费对比，如图 8.5-9 所示。

图 8.5-9 中很明显地可以对比出，在方案 1 和方案 2 中，由于建筑 5 参与了设备成本分摊，减少了和电网的交易，整体付出的费用与参照组相比（172.8 元）大大减少，仅分别为 18.5 元（方案 1）和 69.6 元（方案 2）。在方案 3 中，整体的电力交易均来自内部的 P2P 交易，付出的费用也低于原有的参照组方案。整体分析可以表明，本章节所提方案在减少与电网交易的同时，还能够较大地减少用户本身的花费。

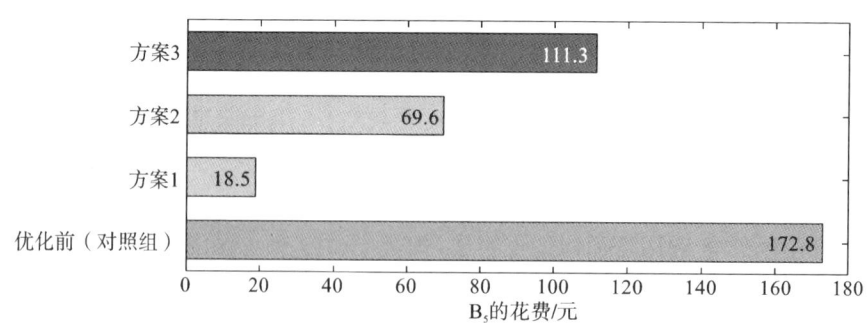

图 8.5-9　四种方案下（含参照组）B₅ 的花费对比（典型日 1）

8.6　本章小结

本章提出了基于 DEA 成本分摊的建筑群 P2P 能源交易方法,通过应用所提的三层优化方法,能够在不同的实际应用场景下对微电网内部用户进行成本分摊。本章进一步对比了所有用户均参与成本分摊(场景 1)、部分用户参与成本分摊(场景 2)、部分用户不参与成本分摊且采用 P2P 动态定价机制(场景 3)的三种不同方案。

(1) 以参与微电网交易前的建筑 B₀ 作为参照组,在考虑设备的等年值成本的情况下,在典型日 1 中方案 1~方案 3 分别可节省 89%、59%、35% 的支出费用。通过应用所提出的策略,微电网中的建筑用户不仅能够以更合理的方式分享自己产生的清洁能源,还可获得较为可观的经济效益。

(2) 该方法能够吸引更多的用户参与到 P2P 能源交易中来,这样做不仅有助于绿色减碳理念的实现,还能节省更多的成本。

第9章　基于共享充电服务的光储直柔系统优化选址及运行策略

为了应对全球气候变化,电动汽车和新能源建筑技术也在不断革新和改进。随着大数据、物联网的普及和应用,发电量过剩的新能源建筑系统可以兼顾充电站的功能,这样一方面可以解决电动汽车充电难的问题,另一方面也能够促进新能源建筑的能源的就地消纳。因此,本章提出了基于共享充电服务的光储直柔(以下简称 sPEDF)系统的优化选址及运行策略。本章首先基于道路交通、住房价格等大数据的分析结果,应用改进的层次分析法对 sPEDF 系统进行选址,进一步提出了 sPEDF 系统的优化用能方法,从而得到在兼顾共享充电服务综合收益最大化下的 sPEDF 系统运行策略。随后,应用仿真对比验证了所提策略的可行性与有效性。

9.1　引言

目前,电动汽车在全球汽车市场份额进一步扩大,而电动汽车充电难的问题却成为提高电动汽车市场渗透率的瓶颈[159-160]。随着大数据、物联网的普及和应用,发电量存在冗余的"光充储"建筑系统或许可以兼顾充电站的功能,作为解决电动汽车充电问题的一种有效手段。因此,本章提出 sPEDF 系统。该系统在满足自身用电近零能耗的基础上,可以根据大数据的分析结果,利用自己富余的光伏能量或者储能能量为其他的电动汽车用户提供短期的快充服务。

图 9.1-1 为 sPEDF 系统运行示意图。该系统以电力母线为主连接线,将光伏组件、储能系统、建筑内负载汇集在建筑微电网中,各组件之间的通信应用通信母线进行连接。光伏发电的能量首先在建筑自身消纳,当组件需要并网时再连接到电力公共母线。与普通的建筑不同的是,sPEDF 系统需要结合目前自身的供用电情况,有选择性地为其他电动汽车用户提供短时间的快充服务,充电用户需要根据付费规则有偿充电,从而为建筑投资者产生更多的收益。

为了顺利实现建筑系统的共享充电服务,首先需要基于城市交通、住房价格等大数据来考虑 sPEDF 系统选址问题。恰当的选址能够为 sPEDF 系统的有效运行提供有利先决条件。其次,应进一步结合 sPEDF 系统本身的用能情况进行共享充电策略的优化运行。因此,本章首先提出了一种基于改进层次分

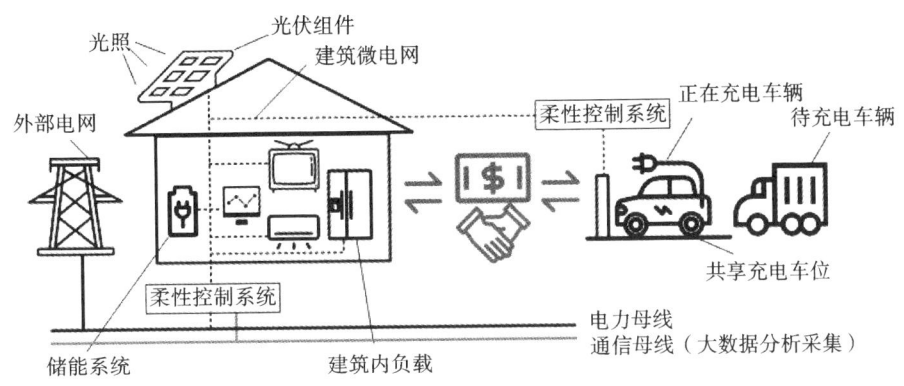

图 9.1-1　sPEDF 系统运行示意图

析法的 sPEDF 系统选址方案,在确定建筑选址地点的前提下,进一步提出了 sPEDF 系统的优化用能方法,从而得到在兼顾共享充电服务收益最大化下的 sPEDF 系统运行策略。

9.2　适用于 sPEDF 系统选址的改进层次分析法

9.2.1　sPEDF 系统选址指标

前面已经说明,sPEDF 系统兼顾两种功能,一方面它能够为自身提供日常的负荷能量,另一方面它能够提供共享的电动汽车快充服务。因此在 sPEDF 系统选址的过程中不仅需要根据城市的总体规划进行建筑的选址,还需要依据规划区域内用户的充电需求空间分布建立选址模型。本章中 sPEDF 系统的选址需要综合考虑电动汽车充电站以及建筑两个方面。

(1) sPEDF 系统选址指标——作为充电站。

①交通通行大数据。

路段的通行数据指标可以反映区域的繁忙情况,当该路段新能源渗透率较高时,其充电需求也越高[161-163]。因此,可以通过采集区域内主干道的交通统计数据,进一步进行数据分析。此处分析指标主要有道路电动汽车流量 M 和其他车辆流量 N,将上述指标进行归一化后应用赋权 ω 累加的方法得到交通通行数据指标 L:

$$L = \omega_1 M + \omega_2 N \tag{9.2-1}$$

②公共交通可达性。

可达性(accessibility)的概念最早由美国学者 Hansen 提出,指交通网络中各节点相互作用的机会大小,并主要用于城市土地利用的研究中[164-165]。在对 sPEDF 系统进行选址时,需要考虑充电完成后用户到达充电站的便利程度。交通可达性的距离 y 的定义为:

$$y = \frac{1}{1 + \left(\frac{d}{D}\right)^3} \tag{9.2-2}$$

$$y_{\text{final}} = \sum_{i=1}^{n} \omega_i y_i \tag{9.2-3}$$

式中,d 为选址地点到最近的交通节点的直线距离(欧几里得距离);D 为基于交通节点类型的平均步行距离,其中,到公交站的平均步行距离定义为 150 m,到地铁站的平均步行距离为 450 m[166-167];ω 为公交站与地铁站不同的权重,以两者交通可达性的最大值乘以对应的权重作为交通可达性的最终值。

③区域人口密度。

区域人口密度分布反映了经济活动的态势,因此区域人口密度也作为 sPEDF 系统选址中的一个重要决定条件。区域内更大的人口密度表明更大的人流量与宣传力度,反映了该区域的繁华程度。常规的人口密度 γ 计算公式为:

$$\gamma = \frac{p}{q} \tag{9.2-4}$$

式中,p 为该区域的人口数;q 为该区域的面积,其单位为 km²。

(2) sPEDF 系统选址指标——作为建筑。

建筑按照使用功能分类可以分为居住建筑、公共建筑、工业建筑和农业建筑。工业建筑和农业建筑一般离人口聚集地较远,电动汽车充电需求较低,因此本节中主要考虑的建筑类型为居住建筑和公共建筑。居住建筑在选址过程中一般需要考虑的指标有以下几点。

①绿化空间可达性。

绿化空间是城市居民进行公共交往、举行各种活动的重要开放性场所,对人居环境的改善起到了不可替代的作用。绿化水平是评判城市生态宜居的重要指标,绿化空间可达性也是选址方法中经常被选用的要素[168]。绿化空间可达性需要综合考虑选址地点到绿化空间的距离与绿化空间的面积,因此,定义绿化空间可达性指标为:

$$\text{PP}_i = \frac{1}{1 + \left(\frac{f_i}{150}\right)^3} \tag{9.2-5}$$

$$\text{PA}_i = \frac{1}{1 + e^{\frac{250000 - g_i}{62500}}} \tag{9.2-6}$$

$$P_i = \frac{\mathrm{PP}_i}{2} + \frac{\mathrm{PA}_i}{2} \tag{9.2-7}$$

式中，f_i 为选址地点到最近绿化空间的距离；g_i 为选址地点距离最近的绿化空间面积；PP_i 为到最近绿化空间距离的归一化数值；PA_i 为绿化空间面积的归一化数值。

②住房价格。

住房价格是投资者在进行选址时考虑的一项重要指标。经济的高增长与住房价格的上升往往紧密相连，住房价格也从某方面反映了选址区域的经济发展程度。住房价格可通过网络爬虫技术采集选址区域中的已公布数据获取，本章中则以每平方米的公开住房价格数据作为房价指标。

③用户吸引力。

哈夫概率模型是在公共建筑选址中最常使用的模型之一，它解释了公共建筑对用户的吸引力以及做出决定的各种阻力因素[169]。基于 Huff 模型公式，建筑 j 对 i 点的顾客吸引力可表示为[170]：

$$U_{ij} = S_j^\alpha d_{ij}^\lambda \tag{9.2-8}$$

式中，U_{ij} 为建筑 j 对 i 点的顾客吸引力；S_j 为 j 建筑的营业面积；d_{ij} 为反映顾客从活动点 i 到建筑 j 的交通花费参数；α 和 λ 分别为 S_j 和 d_{ij} 的敏感参数。

基于麦夸特算法可以得出 α 和 λ 的值分别为 0.82 和 -1.16，从而可以进一步得到该建筑的吸引力指标。

④公共建筑造价成本。

在工程项目中，公共建筑的建筑安装工程主要包括主体建筑安装工程、室外工程及配套工程。主体建筑安装工程主要含土建工程、给排水工程、强弱电工程等。总体建筑工程费用以建筑面积为计算基础，且主要与建筑面积成正比。因此，在公共建筑优化选址的指标选取中，本章用公共建筑的建筑面积来表示造价成本。

综上所述，对于兼顾共享充电功能的居住建筑选址需要考虑的指标有交通通行数据、公共交通可达性、区域人口密度、绿化空间可达性、住房价格；对于兼顾共享充电功能的公共建筑则不需要考虑绿化空间可达性，但需要考虑商业对用户的吸引力与公共建筑的造价成本。

每个 sPEDF 系统将会计算得出以上多个数据指标，如何对这些指标进行分析，则需要应用数据分析方法进行量化。层次分析方法（AHP）是一种定性和定量相结合的层次化分析方法，传统 AHP 的基本步骤如下：建立递阶层次结构模型，构造判断矩阵，一致性检验，求方案优劣次序。其具体步骤已经在前文中进行了详细阐述，因此不再赘述。在传统的层次分析法模型上，本章针对传统 AHP 的固有缺陷，并结合 sPEDF 系统选址的数据特点提出了一系列的改进方法。

9.2.2 基于重要性排序的准则层判断矩阵构建方法

对于 sPEDF 系统的选址问题,若准则层中存在 n 个不同的目标,作为决策者应用传统的 AHP 进行多个目标的重要性判断时,要求将目标逐个进行两两对比,即总共需要进行 $n(n-1)/2$ 次比较。当目标数过多,比较的步骤将会十分烦琐。这种依赖人为经验判断的方法不仅效率较低,还会出现逻辑不符的情况。

因此,将目标进行重要性排序是更为可行的做法。本章首先提出了基于重要性排序的准则层判断矩阵构建方法。该方法仅定义三个用以判断的相邻重要性差距指标:明显重要,稍重要,重要性相同。三个重要性差距指标是用来判断相邻目标的重要次序,非相邻目标的重要性差距指标则可以通过相邻目标重要性的叠加来获得。为了避免非相邻目标的重要性差距指标过大,相邻目标的标度分别定义为 3、2、1。改进的准则层相邻标度法如表 9.2-1 所示。

表 9.2-1　改进的准则层相邻标度法

标　　度	含　　义
1	两者重要性相同
2	前者比后者稍重要
3	前者比后者明显重要
倒数	若前者与后者重要性之比为 a,则后者与前者重要性之比为 $1/a$

9.2.3 基于定量数据的方案层判断矩阵构建方法

对于传统 AHP,当方案数过多、数据统计量大且权重难以确定时,逐个应用传统的 1～9 标度法对两个方案之间的重要程度进行判断将存在较大难度,导致一致性检验无法通过。

考虑到在 sPEDF 系统选址的方案层中,各方案都有具体的数值,因此应基于具体数值客观判定重要性次序。因此,本章进一步提出了基于定量数据的方案层判断矩阵构建方法。首先需要将数据标准化为 10 以内的数据,随后将标准化后的解集数据两两作差得到差值 λ,定义各方案标度。根据表 9.2-2 所提改进方案层的标度定义,可以构建各方案之间的判断矩阵。应用上述方案层的判断矩阵构建方法,一方面能够克服传统 AHP 因待选择的指标过多而导致无法通过一致性检验的问题,另一方面结合了主观人为判断与客观判断的优点,使得决策过程更加贴合决策人员的习惯,更加便捷地得出最终结果。

表 9.2-2　改进的方案层标度定义

标　　度	含　　义
1	$\lambda<1.5$,认为两方案重要性相同
2	$1.5\leqslant\lambda<2.5$,认为前者比后者重要性较上一标度增加
3	$2.5\leqslant\lambda<3.5$,认为前者比后者重要性较上一标度增加
4	$3.5\leqslant\lambda<4.5$,认为前者比后者重要性较上一标度增加
5	$4.5\leqslant\lambda<5.5$,认为前者比后者重要性较上一标度增加
6	$5.5\leqslant\lambda<6.5$,认为前者比后者重要性较上一标度增加
7	$6.5\leqslant\lambda<7.5$,认为前者比后者重要性较上一标度增加
8	$7.5\leqslant\lambda<8.5$,认为前者比后者重要性较上一标度增加
9	$8.5\leqslant\lambda<10$,认为前者比后者极端重要
倒数	若前者与后者重要性之比为 a,则后者与前者重要性之比为 $1/a$

　　结合所提的改进层次分析法,在进行 sPEDF 系统的选址判断时,只需将每个准则层中的目标人为地给出重要性排序,并且输入每个待选择的选址位置所对应的选址考虑原则,就能够应用改进方法直接得出最优的选址区域。

9.3　计及共享充电服务的 sPEDF 系统优化运行策略

　　在确定选址地址后,本书进一步提出了一种计及共享充电服务的 sPEDF 系统优化运行策略。首先,本书定义 sPEDF 系统的增量收益与增量成本之差为综合效益,以计及共享充电服务的综合效益最大为优化目标,并且以该建筑全年向电网购入的清洁能源电量等于售电量为主要约束。随后,本书根据该建筑的总建筑面积、可敷设光伏组件区域、屋顶/墙面不同的光电转换效率等,求解得出该建筑所需的光伏装机容量、储能设备容量、储能充放电功率、购售电功率等参数,从而得到优化运行和共享充电的方案。

　　作为低碳节能的建筑系统,sPEDF 系统的优化目标定义为使建筑对整体社会带来的综合效益最大,即使增量收益 S 与增量成本 C 的差值最大。

　　结合本章的应用场景,本书定义了充电服务费约束与可共享充电时间约束,如下所示。

　　(1)充电服务费约束。

　　电动车主在公用充电设施充电将缴纳充电服务费。各地的充电服务费制定策略稍有不同,部分地区充电服务费按照充电度数收取或以当日汽油油价按比例收取。经营单位可在不超过上限标准的情况下,制定具体的收费标准,即:

$$0 \leqslant M_{\text{charge}} \leqslant M_{\text{charge,max}} \tag{9.3-1}$$

式中,M_{charge} 为实际收取的充电服务费;$M_{\text{charge,max}}$ 为充电服务费的上限标准。

(2)可共享充电时间约束。

考虑到 sPEDF 系统兼顾自身运行和开放式充电的需求,须基于建筑系统本身用户的使用情况与历史负荷数据,在充电桩空闲时段进行开放式充电。

综上所述,对于 sPEDF 系统的优化运行将主要分为以下几个步骤。

①确定建筑类型。这里主要对公共建筑和居民建筑两种建筑类型进行讨论。

②根据决策者的需求,对选址指标进行重要性排序。对于居民建筑,需要进行重要性排序的指标为交通通行数据、公共交通可达性、区域人口密度、绿化空间可达性、住房价格;对于公共建筑,不需要考虑绿化空间可达性与住房价格,但是需要考虑建筑对用户的吸引力以及建筑造价。

③获取决策所需的大数据,进行分析与筛选。

④将筛选后的数据输入改进层次分析法模型进行优选,得出最终的优选选址结果。

⑤根据已确定的选址结果,进行 sPEDF 系统优化运行分析。进一步获取该选址区域的光资源数据、建筑负荷数据、可铺设的最大光伏面积、不同墙面的光伏转换效率等。

⑥根据确定的目标函数、约束条件进行求解,得出最终的优化运行方案。

其整体方案流程如图 9.3-1 所示。

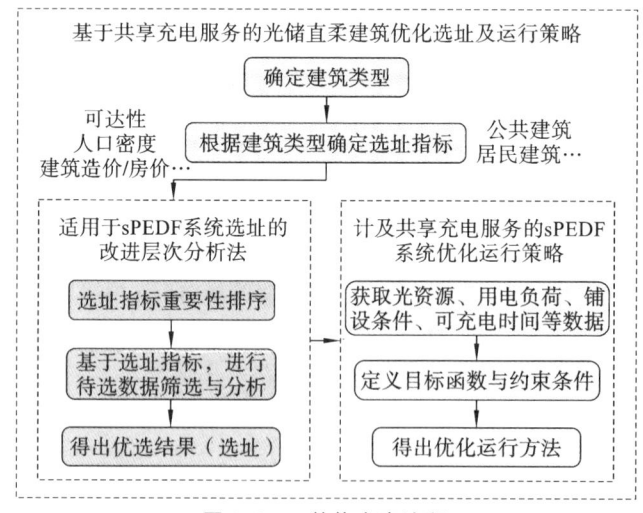

图 9.3-1　整体方案流程

9.4　仿真分析

本章的仿真分析将以居民建筑和公共建筑两种建筑类型为例进行研究,待选址范围为长江中下游某城市某中心城区。仿真以实际勘察情况为基础,在原地址上对现有建筑进行设计改造。

9.4.1　居民建筑选址分析

按照街道划分将该区域划分为 $D_1 \sim D_{11}$,共 11 片区域,在每个区域中选取一个较为典型的小区,分别为 $RU_1 \sim RU_{11}$。该城区的主要道路分别有 $A_1 \sim A_6$。通过查询中国人口普查数据分别统计得出了 $D_1 \sim D_{11}$ 区域的人口密度,通过网络爬虫技术爬取了链家网在该市 2021 年的平均房价数据。以上数据总结如图 9.4-1 所示。

基于广泛搜集的数据,经标准化方法得出 sPEDF 系统选址所需的数项指标,如图 9.4-2 所示。

在图 9.4-2 中,分别直观地展示了 11 个 RU 所在区域的人口密度、住房价格、交通可达性、绿化空间可达性、交通通行数据。上述五个指标中,除住房价格应越低越好,其他指标均应越高越好。考虑到改进层次分析法中以最小为最优,将住房价格指标取倒数,各项数据经过归一化至 $1 \sim 10$ 的范围,分别命名为指标 1～指标 5。

图 9.4-2(a)、(b)的人口密度、房价数据通过所采集的大数据直接获得。图(c)中的交通可达性指标,通过在高德地图软件中测量各小区最近的地铁站、公交站的距离得出。图(d)中的绿化空间可达性指标,则通过在地图软件中测量各小区最近的绿化公园的面积、距离得出。图(e)中的交通通行数据,选取距离其最近的某主干道路段机动车全天通行数据,将该路段全天的机动车通行数据进行累加,归一化后得出。

在选址决策过程中,需要对提出的人口密度(指标 1)、住房价格(指标 2)、交通可达性(指标 3)、绿化空间可达性(指标 4)、交通通行数据(指标 5)进行优先级判断。此处以优先次序指标 5＞指标 2＞指标 3＞指标 1＝指标 4 为例进行说明,即认为交通通行数据指标是在选址过程中最为重要的,其次分别为小区房价、交通可达性、人口密度和绿化空间可达性,指标重要性排序如表 9.4-1 所示。

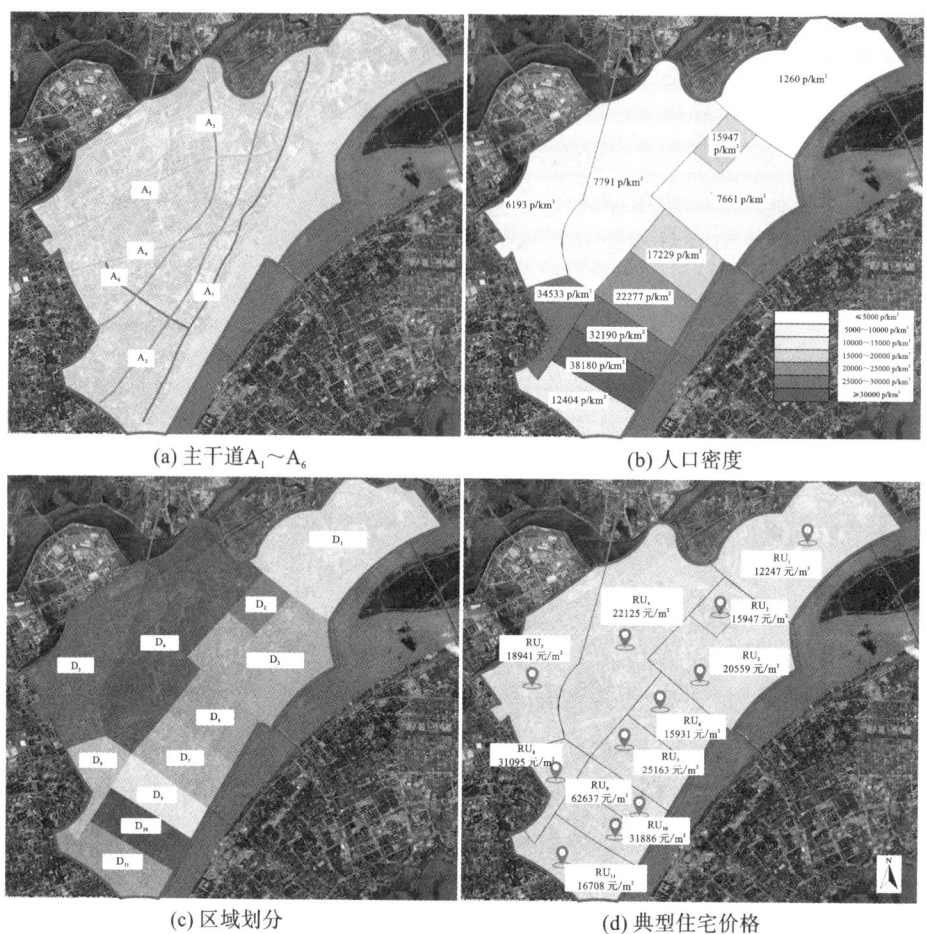

(a) 主干道$A_1 \sim A_6$

(b) 人口密度

(c) 区域划分

(d) 典型住宅价格

图9.4-1 长江中下游某城市某区域统计数据

表9.4-1 指标重要性排序及标度

重要 → 次要								
指标5	明显重要	指标2	稍重要	指标3	稍重要	指标1	相同重要	指标4
相邻标度								
	3		2		2		1	

应用改进的层次分析法得出,在以上场景、条件的设置下,小区RU_6为最适宜建造sPEDF系统的区域,其各项数据实际的指标如表9.4-2所示。

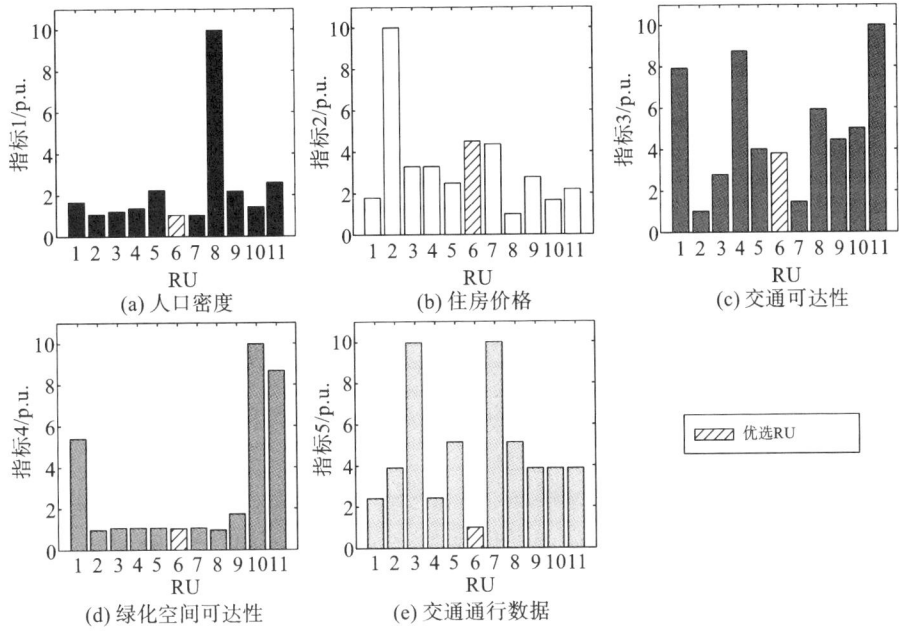

图 9.4-2　居民建筑标准化数据指标

表 9.4-2　RU₆ 的各项指标(实际数据)

指标	人口密度 (指标 1)	住房价格 (指标 2)	交通可达性 (指标 3)	绿化空间可达性 (指标 4)	交通通行 数据(指标 5)
数据	17229 人/km²	15931 元/m²	0.4762 p.u.	0.5395 p.u.	18356 辆/天
排名	1	10	4	3	1

可以发现,RU₆ 在指标 1 和指标 5 中均取得了最高的排名。考虑到指标 5 的重要性排序最为靠前,且在 11 个 RU 的横向比较中排名第一,即距离最近的主干道中新能源车辆流量较大,这也是电动汽车充电站选址的一个重要因素,因此经过算法的计算求解得出 RU₆ 为本例中指标重要性排序下的最优选址区域。

9.4.2　居民建筑用能分析

RU₆ 中,某户型顶面可按照最佳倾角敷设光伏最大面积为 100 m^2,朝阳立面可铺设光伏最大面积为 50 m^2。该建筑设计了一个电动汽车充电车位,充电桩的充电功率为 15 kW。该建筑用户习惯在 18:00—24:00 为自家电动汽车充电,因此在该段时间,车位暂不开放给其他用户。本例中认为光伏、储能等新能源设备的使用年限为 20 年,BIPV 组件和储能系统的价格参考自文献[146,171]。

经过 PVsyst 软件的计算,若该地区最佳倾角光伏板的发电效率为 100%,则朝阳垂直立面的发电效率为 54.05%。分别以一年中四个季节某典型日为例,该建筑的负荷、该地区的太阳辐照度如图 9.4-3 所示。

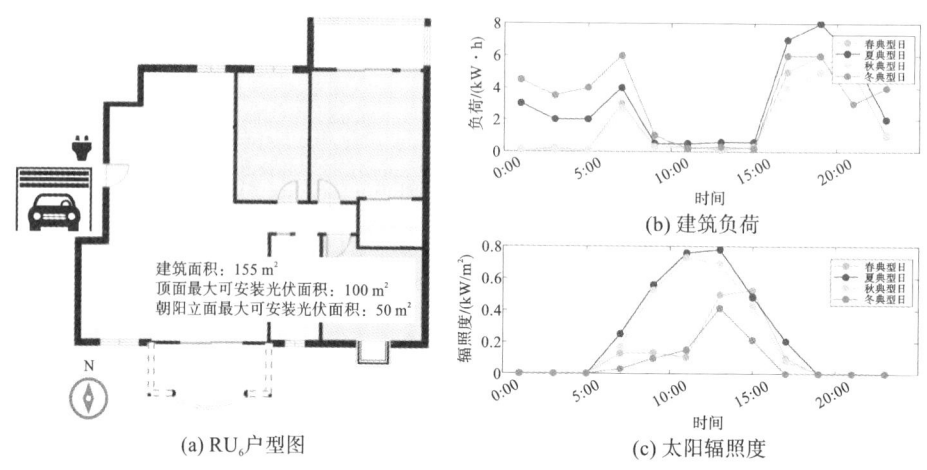

(a) RU₆ 户型图   (b) 建筑负荷   (c) 太阳辐照度

图 9.4-3 居民建筑数据及条件

图 9.4-3(b)中建筑负荷由实际统计得出,图(c)中太阳辐照度由 PVsyst 软件统计得出。电价政策则参考该地政府网站。通过建筑负荷绘图可以大致发现,该户居民的用电时间主要集中在早上 6 点至 8 点和晚上 18 点至 24 点,根据太阳辐照度的分布发现光伏板的有效工作时间则主要集中于早上 6 点至晚上 18 点,与用电负荷并不重叠,因此需要通过储能设备进行柔性调节。根据上述已知条件,为了实现近零能耗,并且以综合效益最大为目标,需要应用本书所提方法求解可铺设光伏面积(顶面、朝阳立面)、需要储备的储能容量、与电网的交易策略、储能充/放电策略、充电车位开放策略等。

调用求解器的结果如图 9.4-4 和表 9.4-3~表 9.4-4 所示。

表 9.4-3 硬件配置

综合收益	542.2 元
朝阳立面铺设光伏板面积	50 m²
顶面铺设光伏板面积	100 m²
储能容量	19 kW·h

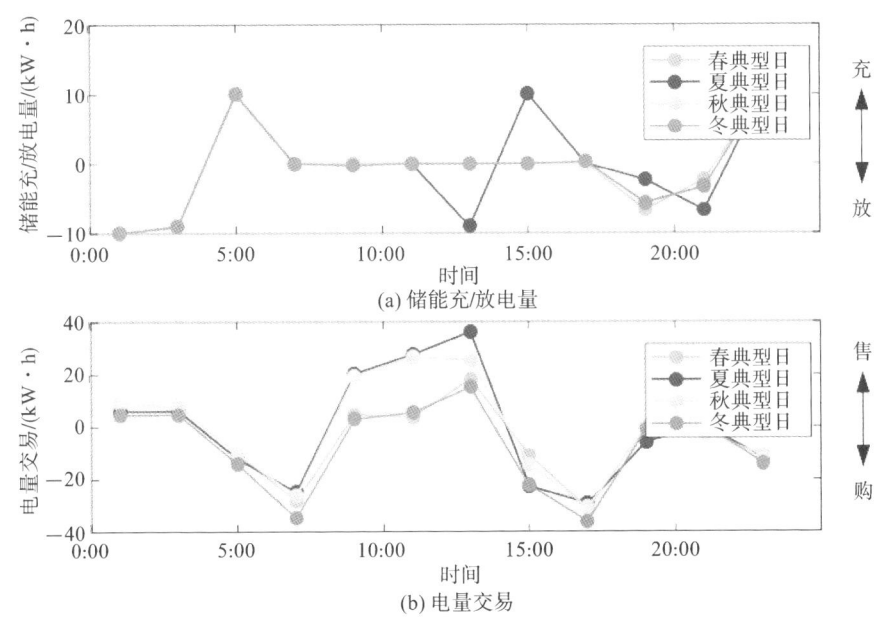

图 9.4-4　居民建筑优化运行策略

表 9.4-4　可共享充电时间

典　型　日	时　　间	充电服务费/(元/(kW·h))
春典型日		0.95
夏典型日	6:00—8:00,14:00—18:00	0.95
秋典型日		0.95
冬典型日		0.95

在图 9.4-4(a)中,当折线图在 0 以上表示储能系统在该时刻为充电状态,当折线图在 0 以下表示储能系统在该时刻为放电状态,纵坐标为充、放电量大小。在图 9.4-4(b)中,当折线图在 0 以上表示储能系统在该时刻为充电状态,当折线图在 0 以下表示储能系统在该时刻为放电状态,纵坐标为充、放电量大小。经过优化求解得出,该建筑应当在顶面配置 100 m²、朝阳立面配置 50 m² 的光伏板,家用储能容量设置为 19 kW·h。以本书中四个典型日为例,在四个典型日中均在 6:00—8:00、14:00—18:00 可进行共享充电。最终得出以上四个典型日的综合收益为 542.2 元。

9.4.3　公共建筑选址分析

可为城市居民提供电动汽车快充的公共建筑类型主要有办公建筑、商业建筑、科教文卫建筑等。本章在该区域选取了 10 座含停车场的公共建筑作为分析对象,编号为 $PB_1 \sim PB_{10}$,各建筑具体情况及建筑的地理位置大致如图 9.4-5 所示。选址排序和上面一样,$PB_1 \sim PB_{10}$ 的 5 项指标(人口密度、交通可达性、交通通行数据、用户吸引力、建筑造价)展示于图 9.4-6。

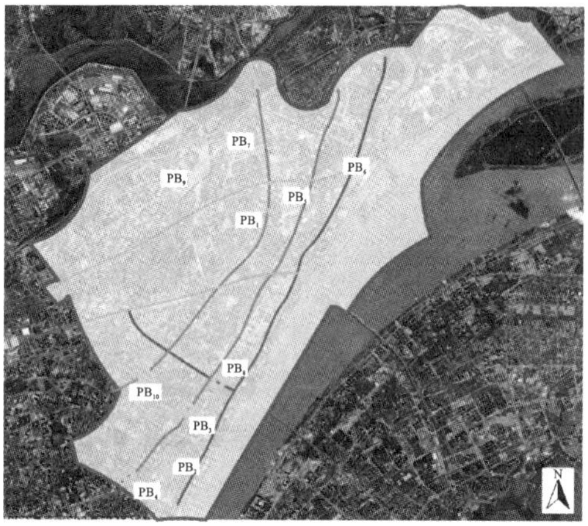

编号	建筑面积/m²	类型
PB_1	12500	商业建筑
PB_2	44600	办公楼
PB_3	9900	剧院
PB_4	460000	商业建筑
PB_5	36300	科教建筑
PB_6	71200	商业建筑
PB_7	22430	博物馆
PB_8	292500	商业建筑
PB_9	34100	商业建筑
PB_{10}	33000	图书馆

图 9.4-5　公共建筑区位及数据分析

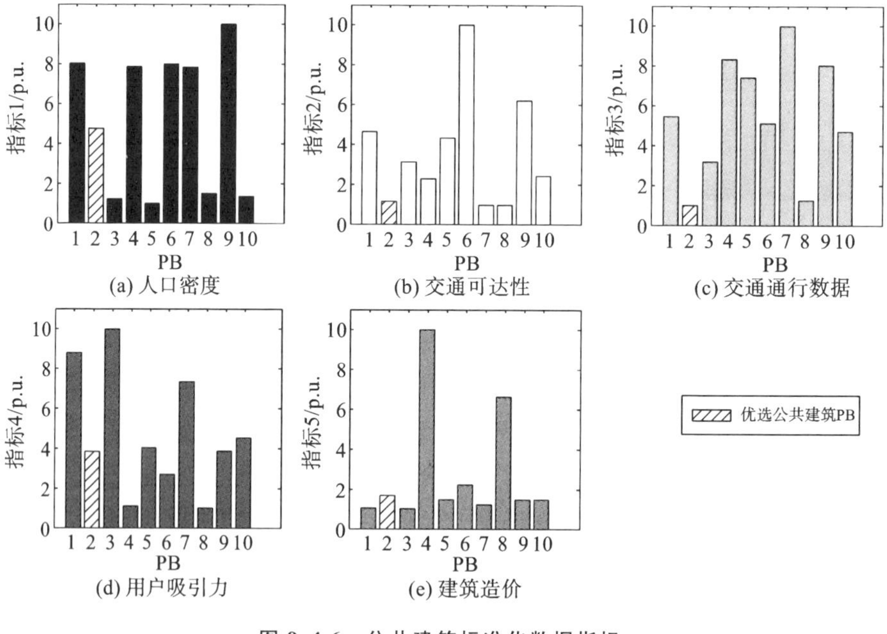

图 9.4-6　公共建筑标准化数据指标

经过改进层次分析法的筛选,最终筛选出了 PB_2 为公共建筑中的最优选址,在图 9.4-6 中用斜杠图案表示。由于数据经过归一化处理,图 9.4-6 中的各项指标应越小越好。可以发现,PB_2 的各项指标在指标 3(交通通行数据)一项取得了最优,在其他几项指标中虽然都不是最优的,但是从整体角度综合各项指标,PB_2 仍然是全局最优的。

9.4.4　公共建筑用能分析

PB_2 的建筑性质为商业建筑(图 9.4-7),其屋顶可按照最佳倾角铺设光伏板面积为 10000 m^2,朝南立面可铺设 4000 m^2。该建筑可对外停车车位为 150 个,以电动汽车渗透率 10% 估算,本例以该建筑可提供 15 个充电车位进行计算,所有的充电桩可以全天提供充电服务,充电桩功率为 15 kW。通过调取该建筑 4 个典型日的用电数据,得到该建筑的运行策略,如图 9.4-8 和表 9.4-5 所示。

建筑面积:44600 m^2
顶面最大可铺设光伏组件面积:10000 m^2
朝阳立面最大可铺设光伏组件面积:4000 m^2
可共享充电桩个数:15

图 9.4-7　商业建筑 PB_2 示意图

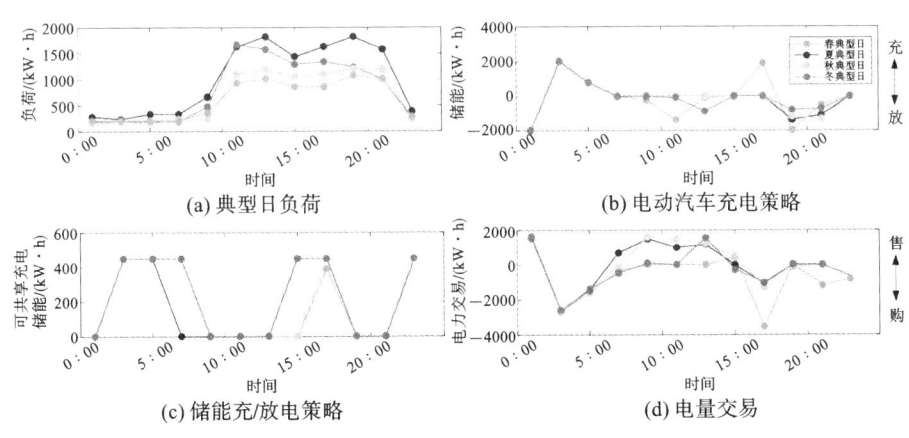

(a) 典型日负荷　　(b) 电动汽车充电策略
(c) 储能充/放电策略　　(d) 电量交易

图 9.4-8　优化运行策略

本例中公共建筑与居民建筑的区别主要在于：①其自身用电量大，因此对储能容量与光伏板的铺设面积需求较大；②该建筑可全天提供较多电动汽车充电车位。在图9.4-8中，负荷、储能充放电、电量交易应用策略与居民建筑仅在用电量上存在区别，因此在此不赘述。图9.4-8(c)冬季典型日中，15个充电桩一起可开放的充电时间为2:00—8:00，14:00—18:00，22:00—24:00；在春季典型日，2:00—8:00和22:00—24:00可开放15个充电桩，在16:00—18:00时可开放14个充电桩。需要说明的是图9.4-8(b)所示的电动汽车充电策略为15个充电桩综合充电量的结果，因此最多可开放15个充电桩，其储能最大值为450 kW·h，最小值为0 kW·h(即15个充电桩此时不提供共享充电服务)。

表9.4-5　硬件配置

综合收益	31388 元
朝阳立面铺设光伏板面积	4000 m²
顶面铺设光伏板面积	10000 m²
储能容量	2667 kW·h

9.4.5　补充分析

（1）考虑对投资者收益的影响。

在前文的分析中，主要从社会效益最大化来考虑，因此优化目标的综合效益中包含了 sPEDF 系统对环境、社会、经济的影响。但是仅从投资者的角度考虑，其最关心的是所投入的成本与相应的投资回报。因此，本小节进一步地分析了应用本书方法对投资者实际收益的影响。

假设提供共享充电服务时能够实现满负荷，图9.4-9给出了应用本书方法得出的优选建筑(RU_6和PB_2)对投资者实际收益的影响的对比。

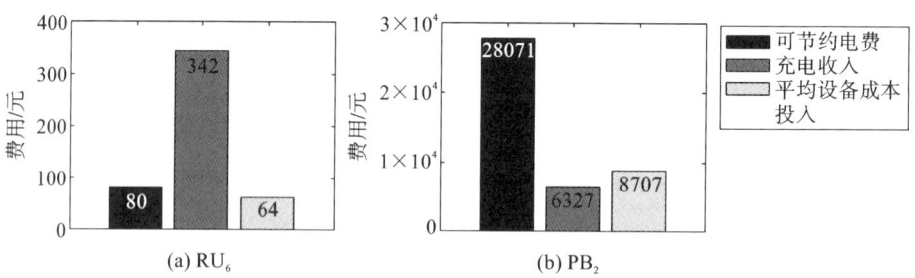

图9.4-9　优选建筑(RU_6和PB_2)投资收益影响对比

考虑到实际中在可共享充电的时段，充电桩不一定都是满负荷的，在这种情况下则考虑把计划提供给共享充电桩的电量售给电网以获取一定的利益。

根据图 9.4-9，对于 RU_6，充电收入实际上小于或等于 342 元，而 PB_2 的充电收入小于或等于 6327 元。但是即使在没有共享充电收益的情况下，节约的电费仍然大于平均设备成本投入（计算年限为 20 年）。

由图 9.4-9 可知，RU_6 共节约了 80 元的电费（即向电网的购电费用），实现了 342 元的充电收益，以光伏、储能等设备的平均成本（计算年限为 20 年）来看，设备成本为 64 元（后文若无特殊说明，均是以前文中的 4 个典型日为分析单位）。也就是说，RU_6 不仅能够节约一定的电费支出，应用本书的优化策略之后，还能够产生 278 元的额外收益。

由图 9.4-9 可知，PB_2 共节约了 28071 元的电费并且实现了 6327 元的充电收益，设备成本为 8707 元。根据以上结果可知，当 PB_2 不应用本书的优化策略时，需多付出 28071 元的电力支出，应用本书优化策略之后，即使计算了电力设备的投资成本，支出减少了 2380 元。实际上，如果考虑到对于社会、环境的增量效益，如表 9.4-5 所示，该建筑实际上会产生 31388 元的增量效益。

（2）综合效益分析。

在建筑铺设光伏、储能设备进行优化运行的基础上，本小节对比了应用本书的共享充电策略和不应用共享充电策略的综合效益，如图 9.4-10 所示。对于 RU_6，共享充电获得的综合效益为 542 元，若不进行共享充电获得的综合收益为 97 元，相比增长了 445 元；而对于 PB_2，共享充电获得的综合收益较不共享充电增长了 5517 元。

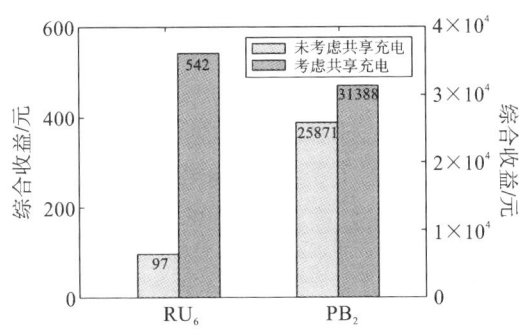

图 9.4-10 应用共享充电策略前后的综合收益对比

9.5 本章小结

本章提出了一种对 sPEDF 系统的选址分析方法，以及以建筑的整体综合效益最大为目标，构建了 sPEDF 系统的优化运行策略。通过算例仿真结果可以得到以下结论。

（1）应用改进层次分析法的 sPEDF 系统能够基于具体的数据分析结果，客观地给出每个因素的重要性次序，一方面能够克服传统 AHP 因待选择的指标过多而导致无法通过一致性检验的问题，另一方面结合了主观人为判断与客观判断的优点，使得决策过程更加人性化，也能够更加便捷地得出最终结果。

（2）sPEDF 系统优化运行策略不仅能够从社会、环境、经济的角度提高建筑系统的综合效益，也能够为建筑的投资者/运维者减少建筑从电网购电的费用，提高建筑的能源就地消纳能力。与不含共享充电服务的能量管理相比，sPEDF 系统的优化运行策略能够实现更大的综合收益。

第 10 章　工程应用及技术分析

10.1　引言

PEDF 建筑既连接了分布式电源,又连接了柔性负荷,是工程中实现需求响应的最佳载体。在本书前述章节理论分析的支撑下,本书梳理了目前正在进行的两项相关工程应用,这两项应用分别为某公园光储直柔智慧展馆概念方案以及运用了第 9 章所提选址方法建设的某市中心城区电动汽车充电基础设施规划方案。在此基础上,基于滨水区域的特征与光储直柔系统应用,本书对二者结合发展的关键技术、特点与优势进行了详细分析与总结,实现光储直柔系统与滨水建筑的"智慧联动"。光储直柔系统将在城乡建设领域实现"双碳"目标的过程中发挥重要作用。

10.2　光储直柔智慧展馆概念方案

10.2.1　光储直柔智慧展馆设计方案概述

该项目设计方案效果图如图 10.2-1 和图 10.2-2 所示。

(1)设计理念。

该方案以圆为设计元素进行构思演变。圆是万物之源,代表和谐、自然、包容、多元。简约的建筑形体蕴含了传统的哲学意境,建筑外观在"传统"与"现代"之间力求寻找最佳的平衡点,同时也在"刚"与"柔"之间寻求一种兼备,暗合兼具温润气质和刚毅的城市精神。

(2)造型设计。

展馆建筑形式与展馆所在公园整体风貌协调。该公园中柔和多变的水岸线和其他地标建筑等都是以圆为基础形状进行构思演变,故本方案也是以圆为设计元素进行构思演变。其方形底座是可上人的绿化屋面,为市民提供休息、

图 10.2-1　设计方案效果图 1

图 10.2-2　设计方案效果图 2

望远之处；其建筑主体"飞碟"，立于底座之上，增加了建筑气势，其竖向灯带和顶部环状天窗增强了建筑的科技感，与公园的整体风貌协调融合。

（3）功能布局。

展馆的绿化底座为市民提供了休闲草坡、驻足远眺的功能，与公园功能融为一体。其一层平面建筑面积为 3400 m²,包含展厅、配套库房、数据机房等;其二层平面建筑面积为 1456 m²,包含展厅、纪念品商店等;三层平面建筑面积为 1850 m²,包含科技活动室、研究室、多功能厅等。

（4）流线设计。

展馆东西向贯通了城市道路与公园景观节点,南北向连接了公园集散广场和配套停车场,流线上也与公园进行了衔接。

（5）绿色技术。

本项目试点前沿绿色科技手段,运用"光储直柔"的节能措施。"白天发电＋储电,夜间用电＋购电"实现"近零能耗",力争实现"双碳"目标。

10.2.2　展馆光储直柔系统设计方案

光储直柔智慧展馆以实现建筑低碳为目标,在建筑屋顶安装分布式光伏组件,建设光储直柔系统。展馆顶部拟安装可开合、调整的 BIPV 光伏组件,按照 500 m² 屋顶面积预测,配电系统设计容量为 50～100 kW。太阳能电池阵列经汇流箱汇流后,通过光伏 DC/DC 换流器接入直流母线。锂电池储能系统通过双向 DC/DC 换流器接入直流母线。光伏发电优先供直流负荷消纳,光伏剩余时可给储能充电或是并入 AC 380 V 低压母线侧供交流负荷消纳;光伏发电不足时,由市电、储能补充供电。系统直流母线电压可设为 DC 750 V,可直接给充电桩等设施供电;照明等直流负荷可采用 DC 220 V 或 48 V 供电。

该展馆光储直柔系统主要由以下几部分组成。

（1）BIPV 发电单元:根据展馆屋顶可用面积 500 m² 预测,可安装 50～100 kW 光伏组件。

（2）储能单元:该项目将建设一套磷酸铁锂电池储能单元,按照 50 kW 放电 2 小时设计,其系统总储能容量 100 kW·h。

（3）直流负荷单元:其主要用电负荷包括直流充电桩、照明及其他直流负载。

（4）直流配电系统:该项目将建设一套直流配电系统,并配置直流微机保护、绝缘监测、漏电流保护系统。

（5）能量管理系统:该项目将配置能量管理单元和软件,对整个直流系统进行数据监测、运行模式和潮流控制。

该公园光储直柔智慧展馆设计方案如图 10.2-3 所示。

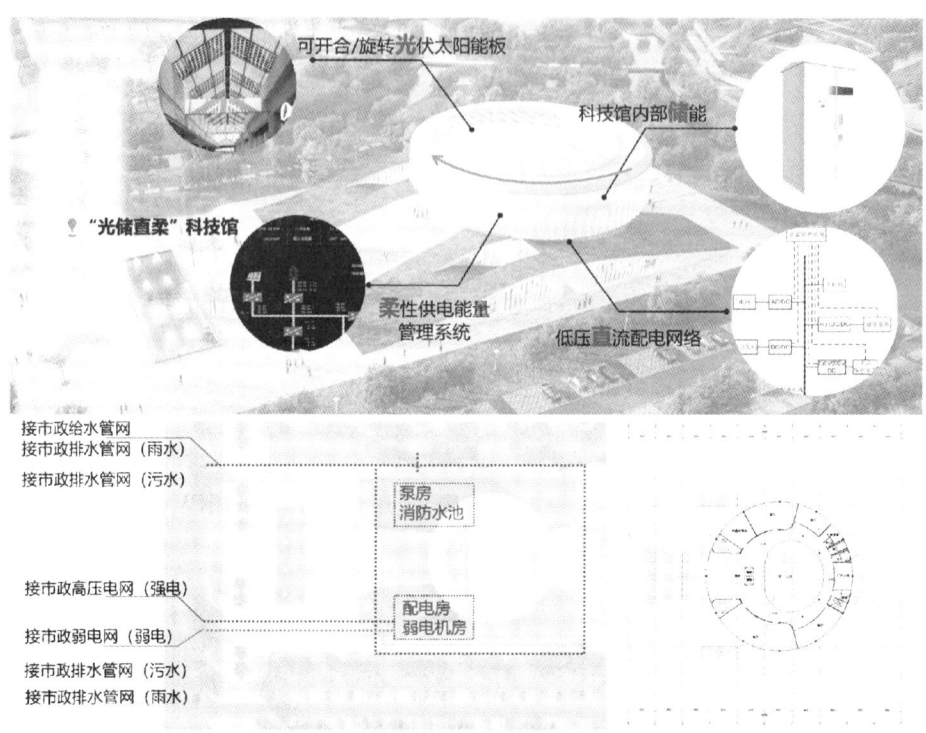

图 10.2-3 光储直柔智慧展馆设计方案

该展馆光储直柔系统拓扑如图 10.2-4 所示。

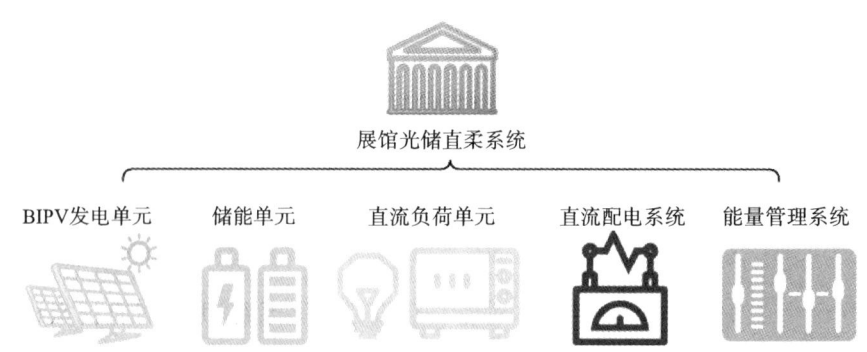

图 10.2-4 展馆光储直柔系统拓扑

10.2.3　光储直柔软硬件系统

（1）硬件设计与选型。

硬件部分主要由以下模块组成[172]，如表 10.2-1 所示。各模块集成形成的集成模块柜如图 10.2-5 所示。

表 10.2-1　光储直柔系统硬件选型

序号	名　　称	型 号 规 格	单位	数量	备　　注
1	BIPV 光伏板	290/295/300	m²	300	
2	柔性双向变换柜	AC 380 V/DC 750 V,250 kVA	套	1	
3	模块柜	储能双向换流器 (DC 405-607 V/DC 750 V,50 kW) 光伏换流器 (DC 425-625 V/DC 750 V,200 kW) DC/DC 换流器 (DC 750 V/DC 220 V,50 kW)	套	1	设置于集成模块柜
4	储能柜	磷酸铁锂电池,电量 100 kW·h,50 kW 放电 2 小时	套	1	
5	直流配电保护柜	含保护单元、能源管理软件系统等	套	1	

（2）软件管理系统。

光储直柔软件管理系统可自动或手动进行运行模式间的切换,其运行模式包括经济运行模式、限功率模式、需求侧响应模式、应急储能模式、离网模式。

①经济运行模式。该模式保证整个系统的经济性能最佳,实现发电、用电、储电利益最大化。负荷首先消纳光伏出力;光伏多余时就地储能,储能充满后仍有多余光伏直接上网;光伏不够时由储能弥补负荷需求,储能不足时由外电网补足。为降低对电网公司的并网管理要求,采用直流配电的建筑可以不向电网返送功率;当自身功率无法满足需求时,建筑可向电网实时取电实现功率需求平衡。

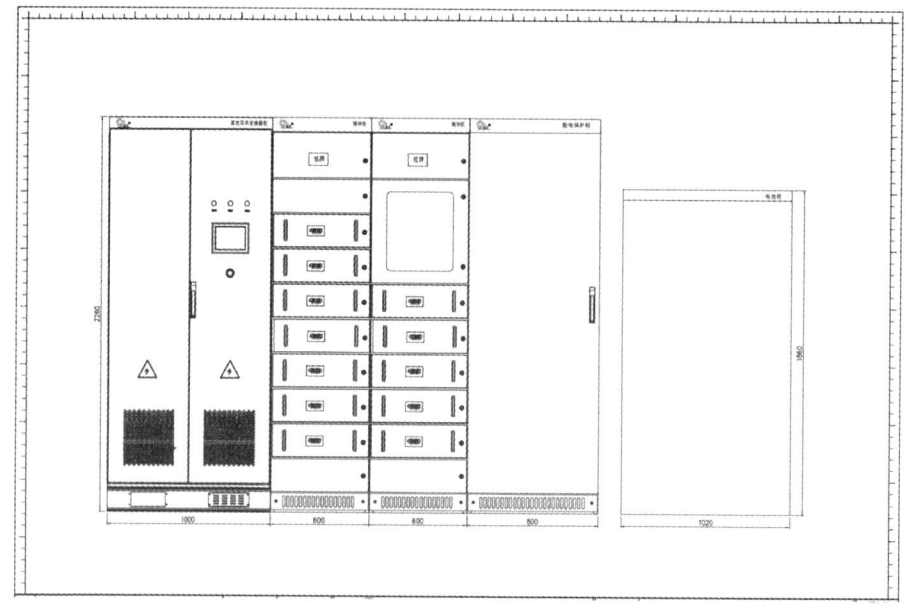

图 10.2-5　集成模块柜

②外网限功率运行模式。下达该指令后,系统首先消纳光伏出力(给负荷和储能供电),不足时由储能提供,再不足时向电网获取功率。如从电网需求的功率超过限定值,则按照事先设定的负荷优先级或用电策略,对部分负荷进行切除,这也是需求侧响应其中一种。

③需求侧响应模式。通过对储能、负荷的控制,系统可以使需求侧响应电网的短时要求(如降低对电网功率需求、切负荷、释放储能)甚至返送功率支撑大电网。

④应急充电模式。当大电网或新能源发电短期内可能无法满足用电需求时,系统需要提前最大化存储电能,并只在应急情况下释放,满足重要负荷在特定应急时期的使用。

⑤离网运行模式。当没有大电网时(无电区或大电网发生故障脱离时),系统处于孤立的"发—储—配—用"自平衡状态。此时由电池和光伏承担所有负荷。可按照负荷等级和设定用电策略,对负荷进行调度切除。

考虑到展馆的光储直柔系统监控管理系统装机规模相对较小,并网电压等级较低,因此采用工业嵌入式控制器用作光储直柔系统运行控制器,对光伏系统、电池储能系统、充电桩及智能感知设备的就地控制器(如变流器、设备控制器)进行控制,并将相应的状态及故障信号传送到光储直柔系统能量管理软件(能源管理平台)。

光储直柔控制系统拟采用分层分布式结构,即控制系统采用三层架构方式

（能量管理系统、运行控制器、就地控制器），其具体结构图如图 10.2-6 所示。

图 10.2-6 光储直柔控制系统结构图

①光储直柔系统能量管理系统（能量管理层）。

光储直柔系统能量管理层基于能量管理系统软件实现，监控光储直柔系统的实时运行数据。除此之外，光储直柔能量管理系统还可实现分布式发电预测、负荷预测、电能质量分析、电能统计分析、无功优化等应用功能。能量管理系统根据实时运行数据，结合分布式发电预测、负荷预测等应用分析结果，制定多约束条件下的光储直柔系统优化调度与能量管理策略，并将制定后的策略下发光储直柔系统运行控制器。

②光储直柔系统运行控制器。

光储直柔系统运行控制层的功能包括负责接收、翻译并执行光储直柔系统综合监控主站下达的控制策略，完成对主光储直柔系统的运行控制任务。除上述功能外，光储直柔系统运行控制器还可以用于光储直柔系统常规运行控制、联络线功率控制、光储直柔系统并离网切换、分布式发电单元监控等。

光储直柔系统运行控制器可实现大电网故障时系统与大电网的隔离和对系统内各故障区域的隔离。同时，光储直柔系统并离网切换过程中和离网运行时的状态稳定控制也是由光储直柔系统运行控制器来实现。

③光储直柔系统就地控制层。

光储直柔系统就地控制层主要由各关键设备自身控制器组成，主要包括以下组成部分:分布式发电控制单元(光伏控制器等)、储能变流模块、智能开关、负荷控制器等。光储直柔系统就地控制层设备通过执行系统运行控制器的控制指令,完成相关操作,实现光储直柔系统的运行控制功能。光储直柔控制系统如图 10.2-7 所示。

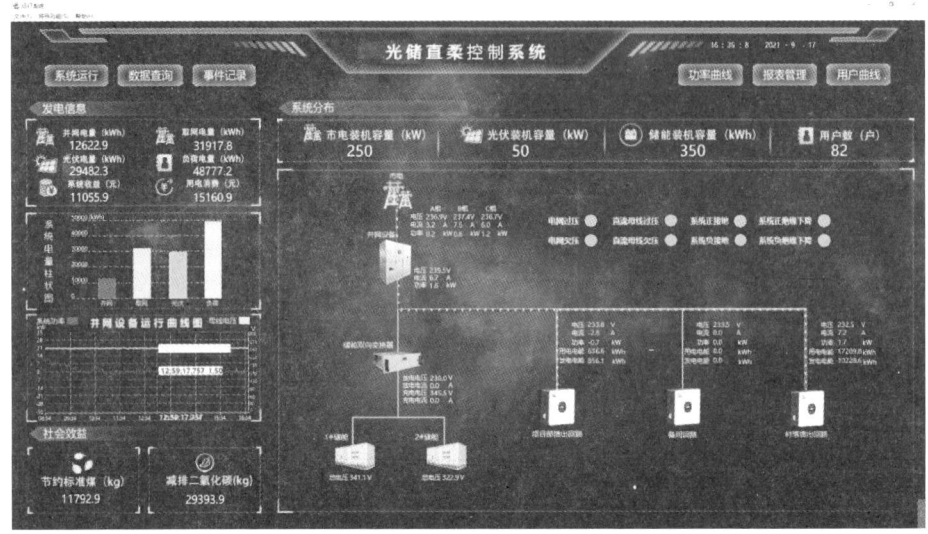

图 10.2-7 光储直柔控制系统

10.2.4 光储直柔智慧公园

进一步地,本书计划联合相关单位将整个公园打造为光储直柔智慧公园。智慧公园是指在公园中运用信息智能终端等新一代信息技术,对服务、管理、养护过程进行数字化表达、智能化控制和管理,提高游园体验感和科技感,实现园区管理者的降本增效,促进"双碳"理念的发展。该公园建成后,每年可生产 600 万度光伏绿电,通过节能、综合能源管理等手段,每年省电比例预计可达 50%,每年碳排放量降低比例预计可达 60%。

将园区中柔性供电能量管理系统统一设置在数据机房中,运用本书所提的能量优化方法来进行园区的能量控制,可以实现园区整体效益的最大化。利用园区内的建筑物、构筑物、停车场等顶面来铺设光伏,并且在园区内地下输电走廊中设置直流运输的模式,这样能够有效减少园区内因输配电产生的电能损耗,减少园区内运营电费。

道路旁路灯应用光伏+储能路灯,将白天光伏板发出的电能储存在路灯内置的储能电池内,并在晚上需要用能时为路灯供电(图 10.2-8)。园区内停车场可以设置光储充一体化停车场(图 10.2-9),利用车棚顶面的闲置空间铺设光伏,在合适的室外空间铺设储能电池,应用光伏电能和低价市电的组合,为来到园区的游客提供电动汽车充电服务,同时能够收取一定的运营管理费用。利用太阳能发电的光伏太阳花(图 10.2-10)、光伏步道、光伏护栏等能有效解决公园清洁用能问题,为公园的设施提供电源。这些设备本身也是双碳理念的宣传和示范,采用清洁能源供应,使公园可以达到低碳或者零碳目标。

图 10.2-8　光伏发电的路灯

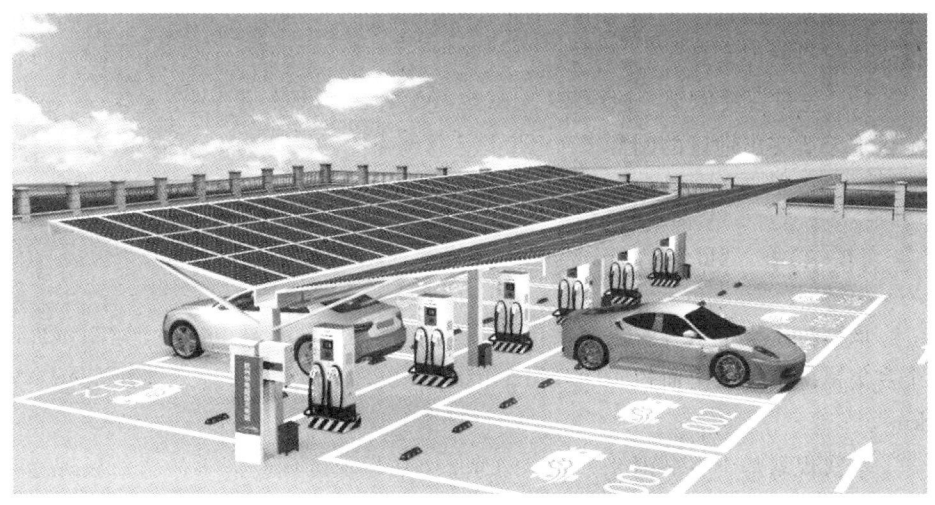

图 10.2-9　光储充一体化充电站

图 10.2-10　光伏太阳花景观

10.3　某市中心城区电动汽车充电基础设施规划选址方案

基于某市中心城区目前充电桩建设、管理现状及未来充电桩供需关系,本次充电基础设施规划时间为 2023—2025 年。该选址方案充分结合了本书所提的选址方法以及实际情况,其遵循的主要规划建设原则如下。

(1)与停车场建设相协调。对于近期规划建设的停车场,应结合建设条件,根据实际需求进行停车场充电桩建设,并按照建设计划逐步实施,优先保证安排先期建设的停车场。

(2)先急后缓原则。以缓解"充电难"、服务民生为原则,梳理现状,优先满足供求矛盾突出地区的刚性需求,对于充电难弹性需求压力大的地区进行适度建设。

10.3.1　规划选址背景

该市位于华中某省份东南部,现辖四大区和两个地级县市,27 个建制镇,16 个乡集镇。市域国土面积 4630 km²,市区面积 237 km²,其中建成区面积 43.82 km²。

本次规划基于本书第 9 章提出的选址方法以及区域经济学的增长极理论,按照从一个或数个"增长中心"逐渐向其他地区传导的方式,选定以该市中心城区为主,选择 A～H 共 8 个组团作为本次规划范围。具体选址方法则基于本书的改进层次分析法。各组团地理位置情况如图 10.3-1 所示。

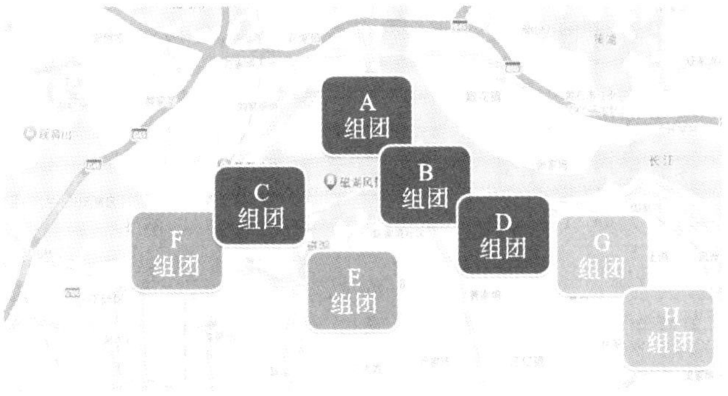

图 10.3-1 本次规划范围组团分布图

该市中心城区的 8 个组团是今后城市建设最为密集、承载城市综合服务、宜居生活等核心功能的地区,外围组团则承担工业生产、郊野服务等重要支撑功能。

10.3.2 规划选址模型

(1) 基于弹性系数法的该市电动汽车保有量预测。

弹性系数法是在一个因素变化的基础上,通过弹性系数对另一个因素发展变化做间接预测的方法。通过弹性系数法进行预测时,需要分析预测量与另一个发展规律明显的因素之间的联系,得到两者变化率之间的弹性系数,然后根据弹性系数和已知因素的变化率计算得到所求的预测值。

在对汽车保有量进行预测时,可以根据人均国民经济生产总值 GDP 与汽车保有量之间的关系得到汽车保有量预测值。弹性系数法在预测汽车保有量时,可以根据 GDP 变化情况直接得到汽车保有量的变化情况,该方法考虑的因素较少,过程简单。其模型如下:

$$P_V = P_{GDP} \times \beta \tag{10.3-1}$$
$$H = (1 + P_V) \times H_{last} \tag{10.3-2}$$

式中,P_V 为汽车保有量增长率;P_{GDP} 为 GDP 增长率;β 为弹性系数;H 为汽车保有量;H_{last} 为前一年汽车保有量。

式(10.3-1)表示通过 GDP 增长率和弹性系数得到汽车保有量增长率,式(10.3-2)表示通过汽车保有量增长率和前一年汽车保有量得到汽车保有量。该市新能源汽车保有量预测如表 10.3-1 所示。

表 10.3-1 该市新能源汽车保有量预测

汽车数据	年份			
	2022	2023	2024	2025
汽车保有量 H/辆	106276	121276	140776	166126
汽车保有量增长率 P_v	30%	30%	30%	30%
汽车年新增量 ΔH/辆	15000	19500	25350	32955
新能源汽车增量占总体增量车辆比例 ΔE_{ratio}	15.6%	20.8%	26.0%	32.0%
新能源汽车增量 ΔE/辆	2340	4056	6591	10546
新能源汽车总量 $E_{total/last}$/辆	6500	10556	17147	27693

首先,2022 年该市现有汽车总量为 106276 辆,根据当地 GDP 预测得到每年的汽车保有量增长率 P_v 大约为 30%,应用前述的弹性系数法可以根据增长率得出每年的汽车保有量 H。2022 年的新能源汽车增量则根据新能源汽车增量占总体增量车辆比例 ΔE_{ratio} 得出,从而得到新能源汽车的增量数 ΔE 及总量 E_{total}(式(10.3-3)~式(10.3-4)):

$$\Delta E = \Delta E_{ratio} \times \Delta H \tag{10.3-3}$$

$$E_{total} = E_{total/last} + \Delta E \tag{10.3-4}$$

(2) 基于改进层次分析法的选址方案。

本方案充分考虑交通通行、公共交通可达性、区域人口密度等数据,应用本书中所提的改进层次分析法,得出了最终的选址方案。具体选址方案在此不赘述。

10.3.3 规划选址结果

(1) 2023 年设施布局规划方案。

根据该市新能源汽车保有量预测可得,2023 年该市新能源汽车总量将达到 10556 台,按照充电桩与车位 1:8 的比例配置标准,2023 年该市充电桩应达约 1300 个,因此本年需新增充电桩约 800 个。为持续做好保障和改善民生工作,本规划方案在考虑实际建设需求的基础上,保证点位类型的多样性。2023 年规划方案综合考虑了不同组团的发展情况以及停车场的服务半径等因素,新增点位计划以公共停车区域为主,同时拟新增企事业单位、专用、社区、道路公共等多类型充电点位。所选点位原则上须满足车位集中、车流量大、供电条件良好的要求。

A 组团属于老城区,科教资源丰富,商业发展成熟,人口密度较大,交通流量较大。实地查勘点位 19 个,适宜充电车位数量为 283 个,以直流充电桩为主。其中优质及适宜点位 18 个,不推荐点位 1 个。

B 组团位于老城区。本次实地查勘点位共 16 个,其中适宜充电车位数量为 46 个。其中优质点位 4 个,剩余点位均为道路公共停车场,可适当设置部分交流充电桩。

C 组团位于新城区,规划较好,公共停车场分布合理,条件理想。本次实地查勘点位共 15 个,其中适宜充电车位数量为 157 个。其中优质点位 11 个,不推荐点位 1 个,剩余点位均为道路公共停车场,可适当设置部分交流充电桩。C 组团市直单位较多,部分市直单位停车场为公共停车场,也可适当设置充电桩为办事人员提供便捷,针对市直单位停车场,本次实地查勘点位共 7 个,其中适宜充电车位数量为 76 个。

F 组团位于老城区,老旧小区较多。本次实地查勘点位共 12 个,其中适宜充电车位数量为 120 个。其中优质及适宜点位 9 个,不推荐点位 3 个。

本次查勘 E、D、G 组团点位共 13 个,其中适宜建设充电车位数量为 82 个。考虑到以上组团地理位置较偏,属于适宜建设点位,可酌情考虑建设。

(2) 2024—2025 年设施布局规划方案。

基于前述分析,至 2025 年,中心城区电动汽车充电桩约 3000 个,2023 年已规划新增充电桩 600 个,2024 年新增充电桩约 1500 个,2025 年新增约 900 个。其中直流快充桩配置约 2500 个,交流慢充桩约 500 个。这些充电桩主要从以下三个方面进行规划。

(1) 按充电桩类型规划。考虑到现有选址地点多为公共停车场、行政单位、事业单位,而其他类型的充电桩涉及较少。因此,后期规划应重点转向其他企业、专用停车场(如物流充电车位等)、社区停车场、道路公共车位等。

(2) 按组团范围规划。考虑到繁华程度、人口密度、车流量大小等方面,C、B、A 组团均具有较好的建设条件,且 C 组团条件最佳,需求量较大。因此后期规划重点应为 C 组团,其次为 B 组团、A 组团,其他组团酌情考虑。

(3) 按服务半径规划。现有规划点位较为密集,后期规划重点应扩大服务范围,不断提高电力设施信息化、自动化水平,将该市中心城区公共充电站平均充电服务半径缩小至 1.5 km 以内。

综上所述,2024 年该市充电站的建议选址方案如表 10.3-2 所示。

表 10.3-2　2024 年充电站建议选址方案

序号	选址数量/个	充电桩数量/个	所属组团	充电桩类型	建议点位
1	1	12	A		黄家湾（规划新建）
2	1	10	B		陈家湾
3	1	12～18	C		团城山公交停车场
4	1	10	F	专用（公交场站）	下陆综合场站（规划新建）
5	1	10	E		胡家湾
6	1～2	10～20	D		四门（规划新建）、百花路充电站
7			G		
8			H		
9	6	60	A		交通局、医保局、气象局、人社局等
10			B		
11	2	18	C		市政府、教育局、市妇幼、市财政局等
12	3～4	20～30	F	专用（行政及企事业单位）	市统计局、教育局、市经信局等
13			E		
14	2	18	D		政务中心、区政府等
15			G		
16			H		
17	1	10～100	A		物流中心
18			B		
19			C		
20	1	100	F	专用（物流环卫等）	东方山景区
21	1	10	E		环卫管理处爱心驿站
22	1	100	D		特殊钢有限公司
23			G		
24			H		
25	10	80～100	A	公用（公共停车场）	万达夜市停车场、博雅丽都、昌茂大厦、延安路停车场等
26	10	80～100	B		丽都大厦、医药大厦、城市便捷酒店、水之梦

续表

序号	选址数量/个	充电桩数量/个	所属组团	充电桩类型	建 议 点 位
27	10	80～100	C	公用 (公共停车场)	市体育馆、金三九、 邮政银行市分行、广电大楼等
28	5	50	F		下陆大道 45 号、 发展大道 126 号、 老下陆街 33 号等
29	5～10	50～80	E		朱家咀、爱康医院西南侧, 美尔雅地块、十七中对面, 沿湖路东侧等
30	2～8	20～50	D		矿务局医院西侧、月桂花苑以东等
31	2～3	20～30	G		夏浴湖公园、佳恒实业公司以北
32	1～2	10～20	H		河西大道以北,曹家湾、科技创业园
33	3～6	12～30	A	公用 (道路旁侧)	天虹小区、迎宾御园
34	3～6	12～30	B		南京路社区、康茂明珠楠竹林社区
35	3～6	12～30	C		供电小区、青龙半山骊园、怡康花园
36	1～3	6～12	F		友谊社区、铜花小区
37	1～3	6～12	E		十五冶社区
38	1～3	6～12	D		新建区社区、建设二村
39			G	公用 (道路旁侧)	
40			H		
41		60～100	A		桂花路、湖滨大道、 城市主干道
42		60	B		南京路、交通路、消防路、广场路等
43		80～100	C		青龙山路、白马路、桂林南路
44			F		
45			E		
46		10	D		城市主干道
47			G		
48			H		
合计		1000～1400			

2025年该市的充电站建议选址方案如表10.3-3所示。

表 10.3-3　2025 年充电站建议选址方案

序号	选址数量/个	充电桩数量/个	所属组团	充电桩类型	建议点位
1	1	8	A		沈家营、天行公交、杨家湖(规划新建)
2			B		
3	1	8～12	C	专用(公交场站)	北站停车场
4			F		
5			E		
6			D		
7	1	10	G		西塞街
8	1	10	H		棋盘洲综合场站
9	1	8	A	专用(行政及企事业单位)	市交通运输局
10			B		
11	2～3	10～25	C		市民政局、信访局、经开区法庭
12	1	8～10	F		市公安局、烟草局、生态局
13	1	8～10	E	专用(行政及企事业单位)	市司法局
14			D		
15			G		
16			H		
17	1	10	A		物流中心
18	1	20	B		体育发展集团有限公司
19			C		
20			F	专用(物流环卫等)	
21	1	200	E		市汇达资产经营公司(物流)
22			D		
23	1	10～30	G		垃圾处理厂
24	1	10～20	H		货车停车场(物流)
25			A	公用(公共停车场)	
26			B		

续表

序号	选址数量 /个	充电桩 数量/个	所属组团	充电桩类型	建议点位
27	6～10	50～100	C		理工学院、二中、 才子旅馆、党群服务中心等
28	3	20～30	F		有色医院、长乐小学等
29	3	20～30	E	公用 （公共停车场）	磁湖小学、九中、 十七中、射击学校等
30			D		
31	1	10	G		第二中学滨江学校
32			H		
33	2～4	20～40	A		美京美和花苑、大地花城
34	2～4	20～40	B		王家里、枫和园
35	2～4	20～40	C	公用 （社区小区）	芳馨园、金华园
36	1～2	8～20	F		紫竹花园
37	1～2	8～16	E		金枣苑
38	1～2	6～15	D		红光七村
39			G	公用 （社区小区）	
40			H		
41			A		
42			B		
43			C		
44		80～100	F	公用 （道路旁侧）	青龙山路、白马路、杭州西路
45		50～100	E		沿湖路
46			D		
47		25	G		城市主干道
48		5	H		城市主干道
合计		660～950			

10.3.4　光储充一体化充电站规划

"光储充"一直是新能源界的热门组合，它能与光储直柔系统结合紧密。光储充一体化充电站能够通过能量存储和优化配置实现本地能源生产与用能负荷的基本平衡。光储充一体化充电站具有以下优点。①它能够实现电量的"自发自用、余电存储",可以缓解充电桩用电对电网的冲击。②它能使用储能系统给动力电池充电,提高了能源转换效率并减少了用电成本。③它能利用电池储能系统吸收低谷电,并在高峰时期释放这些电量支撑快充负荷。④它可以对光伏发电系统进行补充,能够有效减少充电站高峰期的电网负荷,在提高系统运行效率的同时,为电网提供辅助服务功能。

在该市充电桩建设工程中,相关单位拟在部分亮点工程中加入光储充一体化充电站,包含以下项目。

(1)亮点工程——樱花谷二期公共充电停车场。

樱花谷二期公共充电停车场(图10.3-2)位于该市泉塘路与杭州东路交叉口北侧,原场地为藕塘,填平后成为公园核心公共充电停车场。在新建的充电场地中,其周围遍布樱花树,绿植丰富,环境优美。樱花谷设置了约95个车位,且其车位顶面阳光充足,非常适合与光储充一体化充电桩相结合。

图10.3-2　樱花谷二期公共充电停车场效果图

(2)亮点工程——C组团二期公交停车场。

C组团为该市重点打造的新发展区域,其定位为高新产业区。C组团二期公交充电停车场(图10.3-3)计划打造为该组团的核心公交中转站。公交车充电站的优点为公交车线路固定、发车及充电时间易于调控,且拥有面积较广的停车场顶棚,具有配置光伏板的较好条件。

图 10.3-3 C 组团二期公交充电停车场效果图

10.4 城市滨水区域光储直柔系统分析

滨水区域的开发建设对城市的整体发展具有举足轻重的引领作用,滨水建筑作为滨水区域中的能源消耗中心,应当围绕"双碳"战略肩负起节能降碳重任,推动城市的绿色生态建设。本节在前述章节的研究基础上,基于滨水区域的特征与光储直柔系统的研究现状,对二者结合发展的关键技术、特点与优势进行了详细分析与总结。考虑到光储直柔系统在工程应用中仍然处于起步阶段,本节进一步分析了滨水区域光储直柔系统可能面临的挑战与瓶颈,并对未来的发展方向进行了展望。

10.4.1 滨水区域与光储直柔系统发展背景

滨水区域象征着城市的形象与活力,是构成城市公共开放空间的重要部分。在现代社会中,世界级的滨水空间综合活力点聚集区均位于沿海、沿河两岸的步行 10 分钟范围内[173],例如被东河、哈德逊河、哈莱姆河围绕的纽约曼哈顿地区,塞纳河畔的巴黎拉德芳斯商务区,黄浦江畔的上海陆家嘴金融中心[174]。因此,滨水区域的建设对城市的整体发展规划具有举足轻重的作用。

我国主要城市的中央商务区大多位于滨水区域,这些区域聚集了各种超高层建筑、标志性建筑、大型写字楼、商业建筑等,因此滨水区域也成为城市能源消耗的负荷中心。然而,我国能源资源与负荷的分布十分不平衡,西部地区的能源资源占全国资源总量的 70% 以上,能源负荷却集中在中东部的城市地区[175-176]。近年来,在"双碳"政策的引领下,城乡建设行业开始关注人类活动与环境的关系。多项国家、地方政策明确指出,在城乡建设碳达峰领域应加快优化建筑用能结构,须加强智能光伏建筑一体化利用、开展光储直柔系统建设[177-178]。中东部的滨水区域用能负荷大,考虑到其滨水的特点,建筑表面的光照资源充足,适合在滨水区域中利用其建筑的外墙或屋顶来铺设光伏组件,实现光伏建筑一体化。光伏组件产生的电能可直接应用于建筑本身,不仅能够从一定程度上缓解负荷中心能源资源缺乏的困境,同时也减少了长距离电力输送工程的损耗。

滨水区域具有发展光储直柔系统的多项良好条件。滨水建筑通常位于临江、临湖地区,其光照、景观资源极佳,这具有发展光储直柔系统的"天时"要素;滨水建筑一般位于经济发达的中东部地区,中东部用电负荷大,亟须通过光伏与储能相结合来优化用能结构,此为"地利";滨水建筑需要与生态相结合,光储直柔系统将突出人与自然融合相处的概念,此为"人和"。如何结合滨水建筑与光储直柔系统的优势和特点来推动新能源技术与绿色建筑的双向发展,则是本节需要分析的重点。

10.4.2　结合发展优势

(1) 滨水区域公共建筑居多,建筑表面 BIPV/BAPV 利用率高。

滨水区域中大部分建筑为公共建筑。例如,上海黄浦江的杨浦滨江区域在其 15.5 km 范围内拥有造纸厂、煤气厂、水厂等滨江工业园区建筑,陆家嘴金融中心 80% 以上的滨水区域为公共建筑。

大型公共建筑的采光主要靠内部照明(如办公建筑、商业建筑),对自然采光依赖性较低,用电负荷主要集中在白天。其立面外墙多为玻璃幕墙或实墙面,可选用具有透光性的光伏幕墙或常规 BIPV 组件来代替其立面外墙。另外,部分公共建筑对于遮阳有一定要求,也可将光伏组件铺设于外墙作为遮阳板,在满足发电需求的同时兼顾遮阳功能。

从柔性负载的角度来考虑,公共建筑的用电属于工商业用电,与居民农业用电不同,工商业用电可以接受电网的统一调度,更能够根据建筑光伏发电的需求进行柔性调节,实现真正的建筑净零能耗。

(2) 水体宽度较大,滨水区域光照资源充足。

水体的走向和分布形状很大程度地决定了滨水建筑的光照条件。无遮挡的房屋顶面日照条件较好,而其立面则容易受到附近房屋的遮挡,因此本节分析中将主要考虑房屋立面。

我国位于北半球,且大部分的河流为东西走向,因此北岸侧的建筑立面在一天中的日照条件更优于南岸侧建筑。图 10.4-1 给出了某长江沿岸城市在一年中春分(3 月 20 日)、夏至(6 月 21 日)、秋分(9 月 22 日)、冬至(12 月 21 日)的日照分析。可以发现南岸、北面建筑的日照效果不佳,而北岸、南面建筑全天(从日出到日落)都能够接收到良好的日照。

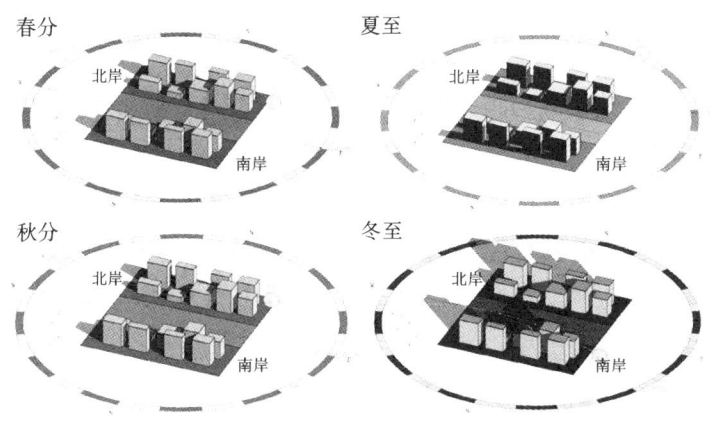

图 10.4-1 滨水建筑光资源条件分析

日照时间与水体宽度也存在相关性。冬至日,北半球正午的太阳高度角为一年中最低值,因此取该城市冬至日进行日照时间与水体宽度的分析,统计结果如表 10.4-1 所示。取图 10.4-2 中的建筑为分析对象,将水体宽度(楼间距)与建筑高度之比由 0.6 逐渐增大到 1.4,定义有效日照效果为阴影遮挡面积不超过立面的 20%,发现其有效日照时间随着水体宽度的增大而增大。当水体宽度与建筑高度之比大于 1,建筑南立面的有效日照时间将大于 9 小时。对于实际中滨江、滨湖的建筑,其水体宽度远大于建筑高度,因此进一步证明了可以利用广泛的滨水建筑立面来发展光伏建筑一体化。

表 10.4-1 有效日照时间对比(遮挡比例低于 20%)

研究地点:某长江沿岸城市 时间:12 月 21 日(冬至日)		研究对象:水体北岸南面建筑 日出:7:20;日落:17:21				
水体宽度(楼间距)与建筑高度之比		0.6	0.8	1	1.2	1.4
有效日照时间/h		4	8	9	10	11

(3)与滨水景观设计相结合,发展节能示范工程。

滨水城市的沿江、沿湖灯光秀不仅能够为市民、游客提供生活幸福感,也能

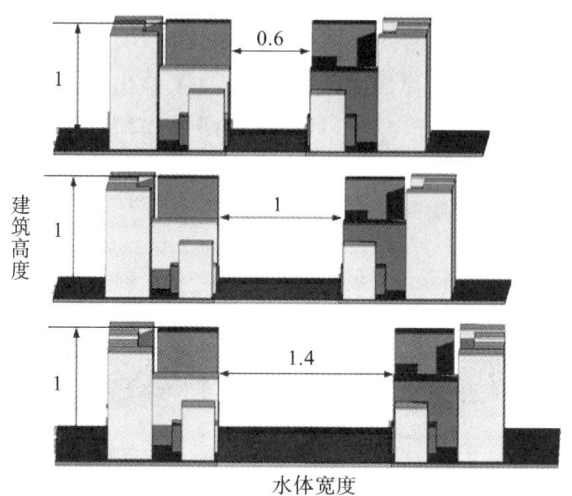

建筑高度

水体宽度

图 10.4-2　水体宽度(楼间距)与建筑高度之比

够展现城市文化内涵、塑造城市的美好形象。以该城市为例,每晚上演的长江灯光秀不仅为市民增添了生活乐趣,也极大促进了该市旅游业的发展,在"五一""十一"等小长假期间,该市的接待人数同比增长了 120%,旅游收入增长了 140%,实现了游客数与收入的"双增长"。为了节约用能,各地灯光秀主要应用 LED 节能灯管。以 43 栋楼宇环型 U 屏、共 118 万个光源集体点亮为例,其总功率约为 3700 kW,一小时电费为 3000 多元。这与普通灯管相比已经能够节约不少费用。但是,若能够实现光储直柔系统与滨水建筑的"智慧联动",将能够更加节能。本书在此做出一个大胆的设想,若将江滩旁的绿地中心与江滩旁的天悦外滩金融中心朝阳外表面的玻璃幕墙换成 BIPV 光伏幕墙(装机容量按 6000 kW 预估),白天应用滨水建筑表面铺设的光伏板发电并储存至储能系统,夜间直接通过直流电形式应用于灯光秀的 LED 灯管(LED 灯管以直流电形式发光),粗略估计晴朗天气每日发电量为 30000~40000 kW·h,不仅能够满足夜间灯光秀的需求,还可以满足建筑内部日常的照明、空调等需求(图 10.4-3)。

滨水建筑的类型主要有商业类建筑(商场、超市等)、文体类建筑(纪念馆、美术馆等)、园林建筑(公园、海洋馆等)、综合性建筑(商住一体楼等)。此类建筑属于城市的基础建筑,与其他建筑不同的是,滨水建筑的使用范围更广,其建筑目的是为城市居民提供更好的生活与工作环境。另外,滨水建筑还需综合考虑城市的美化功能。滨水建筑作为城市"名片",既需要兼顾使用功能,也需要考虑新兴的设计理念,因此应结合城市、滨水的特点进行针对性的景观与规划设计。

图 10.4-3　长江灯光秀与光储直柔系统

考虑到上述原因,滨水建筑的投资方通常为政府机构、大型房地产商、大型企业等,因此与其他建筑相比,滨水建筑的投资费用相对充足。在光储直柔系统中,光伏、储能等新能源设备的投资费用较高,在"双碳"目标的指导下,投资方更加愿意投资"光储直柔"建筑项目以作为示范工程,彰显城市的节能理念和形象。

10.4.3　挑战与应对

在国家政策的支持、新能源行业的快速发展下,光储直柔系统在滨水建筑的推广指日可待。但是,光储直柔系统作为一个新兴概念,在其发展的过程中也存在不小的挑战。

对于滨水建筑来说,光储直柔系统的难点主要在于如何更好地发挥"光"的特点。BAPV 安装简单,主要附着于建筑屋顶或屋面,只须考虑屋顶/屋面的承重能力,但其美观程度较差。BIPV 美观程度更佳,在造型较为规则的建筑中应用时可以采用常规的光伏幕墙,但是滨水建筑的造型较为特殊,因此对 BIPV 要求较高。设计复杂、表面曲面造型较多的建筑需要与 BIPV 厂家沟通,针对不同的建筑外形进行 BIPV 造型设计。BIPV 中的光伏电池主要为薄膜电池,其设计需要同时兼顾建筑外墙的承重能力与电池较高的发电效率。

对于光储直柔系统来说,虽然其概念在电气领域一直以来有许多学者进行研究,但是真正与建筑进行联合的工程项目仍然是凤毛麟角。"光"与"储"涉及的光伏组件和储能电池制造业目前已经十分完善,随着该行业的成熟,光伏与储能技术的设备成本正在快速下降中，设备成本的下降能够极大地促进"光储直柔"的发展。"直"所涉及的建筑直流配电技术目前仍然处于初期的快速发展阶段，格力、海尔等家电巨头已研发出部分可接入直流配电网的家用电器，同时低压建筑配电技术也正在逐步推广中，未来将有更多的企业加入直流配用电技术的研发与生产中。我国目前绝大部分省份和地区已经实现了工商业电力的市场化（供用户进行电力买卖交易），建筑的"柔"性用电需要各地电网进一步完善电力价格机制。

因此，滨水建筑在光储直柔系统上的发展可以用"三步走"的趋势实现逐步推进（图 10.4-4）。首先快速推进滨水建筑＋光伏幕墙（BIPV）的结合（光伏建筑一体化），进一步发展滨水建筑＋光储系统，最终实现滨水建筑＋光储直柔系统的"强强联合"，从而在建筑领域逐步贯彻"双碳"目标，提升节约理念，为城乡建筑领域发展零碳能源提供重要支持。

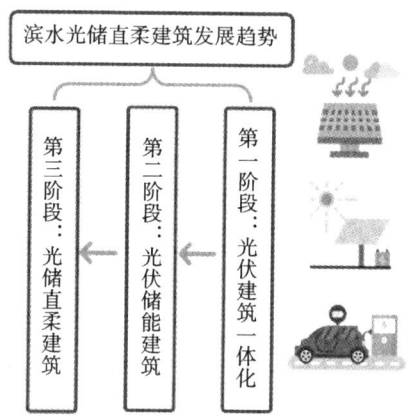

图 10.4-4　滨水建筑光储直柔系统"三步走"发展趋势

10.5　本章小结

工程活动是人类开发利用自然，依靠科学技术理论和方法从低级向高级、由简单到复杂、从零散至集成改造自然的创新过程。本章依托两项正在实施的工程项目，阐述了本书所述的方法策略在实际工程中的应用。光储直柔智慧展馆设计了集光储直柔系统于一体的概念方案，某市电动汽车充电基础设施规划方案则充分运用了本书所提的选址方法，得出了该市在 2023—2025 年间的规划选址方案。本书进一步分析了城市滨水区域的建筑与光储直柔系统相结合发展的特点和优势以及在工程中可能面对的挑战与应对方法。上述工程应用较好地体现了本书前述所提方法在工程中的创造性、实用性、科学性。

第 11 章　总结与展望

11.1　总结

11.1.1　研究结论

本书主要分为两个部分,第一部分(第 1 章至第 4 章)对光储直柔系统及其在节能减排、绿色低碳发展方面的新技术与新理念进行了综合探讨与科普。首先,本书讨论了光储直柔系统概述、微电网的分类、运行控制、供电可靠性、电能质量、安全机制与经济运营等。其次,本书分别对"光""储""直""柔"四个字进行了深入剖析,包括技术创新、设计理念、政策推动等。随后,本书进一步讨论了被动式建筑与主动式建筑的概念,其中被动式建筑侧重于通过优化设计和材料使用减少对传统能源的依赖,而主动式建筑则通过集成先进科技和智能系统,主动响应环境变化,优化能源使用并提升居住舒适度。

第二部分(第 5 章至第 10 章)围绕光储直柔系统的优化运行开展了深入研究。第二部分主要探讨了光储直柔系统及其与相关建筑群的互联共享,研究了考虑碳交易的光储直柔系统的最优化运行模式、基于 DEA 的 mPEDF 系统成本分摊共享以及 sPEDF 系统的优化运行策略等,并且对相关的工程应用及技术进行了分析。本书的主要研究结论如下。

(1)考虑碳交易的光储直柔系统优化运行策略能够较大提升建筑的综合效益,减少建筑运行过程中的碳排放。本书以综合效益为主要优化目标,计算出建筑物的整体优化运行策略,其中包括光伏组件和储能系统容量的优化分配结果,电网和储能系统的电力交互运行。通过案例研究,证明了所提方法的有效性。本书所提出方法能将节能建筑和建筑微电网的优化条件结合起来,获得了更优的光储直柔系统运行策略。本书中所分析的公共建筑综合效益达到了180000 元/年,居民建筑的综合效益达到了 340.1 元/年,从建设的成本投资与运行方面考虑,该方法不仅可节省建筑用户的电费,还可提升建筑的整体收益。

(2)基于 DEA 的 mPEDF 系统成本分摊方案能够在不同的实际应用场景中对微电网进行成本分配,并根据当前外部电网的电价确定 P2P 动态定价机制。本书在三种不同的情况下对结果进行了比较,结果表明,即使建筑物配备了昂贵的新能源设备,所提方法仍然可以实现合理的电力能源分配。此外,每个用户都能从所提出的策略中受益,不仅能节省更多的经济成本,还有助于绿色低碳理念的实现。

(3) sPEDF 系统的共享方案在光储直柔系统基础上进一步提高了建筑的资源利用效率与用户效益。本书通过适用于 sPEDF 系统选址的改进层次分析法解决了 sPEDF 的选址问题,并进一步得出了含共享充电服务的最佳运行策略。sPEDF 的选址方法能够根据具体的数据分析结果,客观地给出各要素的重要性顺序,一方面克服了传统 AHP 在要素过多的情况下无法通过一致性检验的问题,另一方面又结合了主观判断和客观判断的优点,使决策过程更加人性化与便捷。采用共享充电服务的优化运行策略,与没有共享充电服务的优化运行相比,能够取得更大的综合效益。

(4) 本书分别从光储直柔系统在实际建筑中的应用、本书所提选址方法在充电基础设施规划中的应用以及城市滨水区域光储直柔系统的发展三个方面分析了相关的工程项目及应用方法,结果表明,应用本书所提方法能够提升工程应用中建筑运行的用能效率,相关的选址方法也能够显著提高设计人员的工作效率。

11.1.2 主要创新点

(1) 本书将建筑综合效益评价指标体系与新能源微电网优化运行进行有机结合,提出对社会、环境、经济效益最大化的优化运行策略。目前,新能源微网优化运行与建筑综合效益评价指标体系的研究较为独立,新能源微网优化运行的相关研究大多具有普适性,并且主要以运行或投资成本最小为优化目标,较少对建筑微网进行针对性研究。实际上,建筑的评价指标体系需要从经济效益、社会效益、环境效益三个方面考虑(综合效益),形成对建筑综合效益的分析评价方法。本项目拟综合考虑上述两方面,基于建筑评价指标体系建立优化模型,有望提升建筑微电网的运行。

(2) 本书研究了不同碳价与碳排放基准线对于光储直柔系统运行模式的影响,精准面对碳交易市场需求。目前,我国的碳交易在宏观政策、建筑能耗统计、建筑节能投入等方面已具有了一定的基础,建筑行业引入碳交易机制也具有一定的比较优势。但是与其他领域相比,建筑的碳排放交易量相对较少,当前还没有成熟的市场价格体系来衡量城镇公共、居民建筑碳排放交易的市场价值,需要从理论角度进行研究。建筑加入碳交易领域能够对现有节能管理模式进行有益补充,不仅可以使得建筑用户通过减排获得收益,也能够鼓励更多的用户加入碳交易市场,提高碳交易市场的活跃度以及促进用户对于建筑电气化改造的积极性。

（3）本书综合考虑电动汽车用户的多样化需求，提出光储直柔系统开放式运行的创新思路，实现建筑与电动汽车的联合优化运行。一方面，常规独立式光储直柔系统的建造或改造成本高、投资回收周期长，需要进一步考虑如何通过成本分摊和信息共享实现新能源、储能资源的充分利用。另一方面，目前限制电动汽车发展的原因包括充电不便、充电车位经常被占、充电站相比于加油站数量较少等。因此，为了实现能源利用的最大化，光储直柔系统除了为自身运行供给电能，在建筑的用电低谷时期，也能够兼顾"临时电动汽车充电站"的功能，为更多的电动汽车用户提供共享的充电服务，并能从中赚取一定的收益，实现供给侧（光储直柔系统）与共享侧（其他电动汽车）的"双赢"。

（4）本书引入"建筑资源共享"概念，促进新能源在建筑荷端用户的就地消纳。在当前新能源领域，"共享"主要体现在"共享储能""共享电动汽车"等概念上。国家一直在鼓励分布式新能源的就地消纳，但是对于普通居民建筑，安装新能源设备成本较高，可装配的空间有限。为了最大化地提高新能源在荷端的渗透率，本书提出"建筑资源共享"的概念，为希望参与新能源交易的需求侧用户提供了实现途径，同时也为能够提供共享服务的供给侧用户减轻了经济负担。

11.2　展望

在目前已有研究成果的基础上，笔者将继续开展以下几方面的工作。

（1）sPEDF 系统的选址方法目前仅考虑了静态的选址因素，在后续的研究中，可以进一步结合多重的动态选址因素进行研究。如考虑电动汽车充电排序问题，基于实时交通大数据进行选址问题的深入研究。

（2）基于 DEA 理论提出 mPEDF 系统的共享成本分摊模型是 P2P 能源交易中的一类研究方法，未来的研究可以集中在探索更多改进的分摊方法，或者研究内部定价机制和成本分摊相结合的动态交易方法以丰富 P2P 能源交易的方式，使用户能够充分适应各种市场条件。

（3）光储直柔系统的概念在电气领域中一直有诸多学者进行研究，但是真正与建筑进行联合的工程项目仍然是凤毛麟角。从工程实践的角度，"光"与"储"涉及的光伏组件和储能电池制造业目前已经十分完善，因此后续工程发展重点可以放在"直"和"柔"的直流配电技术推广及建筑电力柔性运行方面，让建筑实现真正的"光储直柔"。

参 考 文 献

[1] 徐倩,笪颖,张钰敏,等."光储直柔"助推中国绿色能源革命[N].新华日报,2021-08-24(13).

[2] QYResearch.2023—2029全球与中国光储直柔系统市场现状及未来发展趋势[R].北京:恒州博智,2023.

[3] 王炳铮.基于光储直柔的建筑配电系统及调度策略研究[D].北京:北京建筑大学,2023.

[4] 江亿."光储直柔":助力实现零碳电力的新型建筑配电系统[J].暖通空调,2021,51(10):1-12.

[5] 蒋超凡,易陈谊.半透明钙钛矿太阳能电池关键技术及其应用[J].中国电机工程学报,2023,43(5):1739-1754.

[6] 孟珊珊.基于优化BP神经网络光伏功率预测的研究[D].保定:华北电力大学,2018.

[7] 吕欣航.基于WOA算法和聚类算法的神经网络短期负荷预测[D].上海:上海电力大学,2021.

[8] LI Q,XU Y,CHEW B,et al. An integrated missing-data tolerant model for probabilistic PV power generation forecasting[J]. IEEE Transactions on Power Systems,2022,37(6):4447-4459.

[9] JOSHI P A,PATEL J J. Computational analysis and intelligent control of load forecasting using time series method[C]//Proceedings of the International Conference on Intelligent Systems and Signal Processing, March 24-25,2017,Gujarat,India. Singapore:Springer International Publishing,2018:297-306.

[10] KHAN M,JAVAID N,IQBAL M N,et al. Load prediction based on multivariate time series forecasting for energy consumption and behavioral analytics[C]//Proceedings of the Conference on Complex, Intelligent,and Software Intensive Systems,July 4-6,2018,Matsue, Japan. Singapore:Springer International Publishing,2018:305-316.

[11] 徐岩,向益锋,马天祥.基于EMD-CNN-LSTM混合模型的短期电力负荷预测[J].华北电力大学学报,2022,49(02):81-89.

［12］ FAN C,DING C,ZHENG J,et al. Empirical mode decomposition based multi-objective deep belief network for short-term power load forecasting［J］. Neurocomputing,2020,388(8):110-123.

［13］ LIU Y,MENG F,ZHOU J,et al. Faster depth-adaptive transformers ［C］//Proceedings of the AAAI Conference on Artificial Intelligence. 2021,35(15):13424-13432.

［14］ LI Y,LIN Y,XIAO T,et al. An efficient transformer decoder with compressed sublayers［C］//Proceedings of the AAAI Conference on Artificial Intelligence. 2021,35(15):13315-13323.

［15］ ZHOU H, ZHANG S, PENG J, et al. Informer:Beyond efficient transformer for long sequence time-series forecasting［C］//Proceedings of the AAAI Conference on Artificial Intelligence. 2021, 35 (12): 11106-11115.

［16］ 吴硕.光伏发电系统功率预测方法研究综述［J］.热能动力工程,2021,36 (8):1-7.

［17］ 李雨桐,郝斌,童亦斌,等.《民用建筑直流配电设计标准》解读［J］.建筑 电气,2022,41(07):25-32.

［18］ DEL PERO C, ASTE N, PAKSOY H, et al. Energy storage key performance indicators for building application［J］. Sustainable Cities and Society,2018,40:54-65.

［19］ 王畅,姜宇,傅守强,等.含虚拟储能直流微电网的源储荷优化控制技术 ［J/OL］.电测与仪表,2023:1-9.

［20］ 李蓓,赵松,谢志佳,等.电动汽车虚拟储能可用容量建模［J］.山东大学 学报:工学版,2020,50(6):101-111.

［21］ FANG C,ZHAO X,XU Q,et al. Aggregator-based demand response mechanism for electric vehicles participating in peak regulation in valley time of receiving-end power grid［J］. Global Energy Interconnection, 2020,3(5):453-463.

［22］ 董龙昌,陈民铀,李哲,等.基于 V2G 的电动汽车有序充放电控制策略 ［J］.重庆大学学报,2019,42(1):1-15.

［23］ 陈中,刘艺,陈轩,等.考虑移动储能特性的电动汽车充放电调度策略 ［J］.电力系统自动化,2020,44(02):77-85.

［24］ 张怡冰.基于 V2G 技术的电动汽车充放电策略研究［D］.北京:华北电力 大学(北京),2019.

[25] KAMMVD，SAEK W V. Smart charging of electric vehicles with photovoltaic power and vehicle-to-grid technology in a microgrid：a Case Study[J]. Applied Energy，2015，152：20-30.

[26] LIU H，ZENG P，GUO J，et al. An optimization strategy of controlled electric vehicle charging considering demand side redsponse and regional wind and photovoltaic[J]. Journal of Modern Power Systems and Clean Energy，2015，3(2)：232-239.

[27] 朱旭，杨军，李高俊杰，等. 计及虚拟储能系统的区域综合能源系统优化调度策略[J]. 电力建设，2020，41(8)：99-110.

[28] 杨晓东，张有兵，翁国庆，等. 基于虚拟电价的电动汽车充放电优化调度及其实现机制研究[J]. 电工技术学报，2016，31(17)：52-62.

[29] RAHMANI M，HOSSEINIAN S H，ABEDI M. Optimal integration of demand response programs and electric vehicles into the SCUC[J]. Sustainable Energy，Grids and Networks，2020，26(5)：1004-1016.

[30] ZHOU Y，CAO S，KOSONEN R，et al. Multi-objective optimisation of an interactive buildings vehicles energy sharing network with high energy flexibility using the pareto archive NSGA-Ⅱ algorithm[J]. Energy Conversion and Management，2020，218(15)：113017.

[31] 娄素华，罗鹏，吴耀武，等. 计及负荷可控性的微网储能容量优化配置[J]. 电工技术学报，2016，31(21)：39-45.

[32] 门向阳，曹军，王泽森，等. 能源互联微网型多能互补系统的构建与储能模式分析[J]. 中国电机工程学报，2018，38(19)：5727-5737.

[33] 贾先平，邹晓松，袁旭峰，等. 含柔性负荷的主动配电网优化模型研究[J]. 电测与仪表，2018，55(13)：46-52.

[34] 王云，刘东，李庆生. 主动配电网中柔性负荷的混合系统建模与控制[J]. 中国电机工程学报，2016，36(8)：2142-2150.

[35] 邹晨露，崔雪，周斌，等. 低碳环境下计及柔性负荷和电锅炉的电热联合系统优化调度[J]. 电测与仪表，2019，56(18)：34-40.

[36] 蒋文超，严正，曹佳，等. 计及柔性负荷的能源枢纽多目标综合优化调度[J]. 电测与仪表，2018，55(13)：31-39.

[37] 杨新法，苏剑，吕志鹏，等. 微电网技术综述[J]. 中国电机工程学报，2014，34(1)：57-70.

[38] 张丹，王杰. 国内微电网项目建设及发展趋势研究[J]. 电网技术，2016，40(2)：451-458.

[39] 廖建权,周念成,王强钢,等.直流配电网电能质量指标定义及关联性分析[J].中国电机工程学报,2018,38(23):14.

[40] 王文静,王斯成.我国分布式光伏发电的现状与展望[J].中国科学院院刊,2016,31(2):165-172.

[41] 张宇.储能行业研究报告之储能定义及技术路线[Z].[2023-03-13].https://zhuanlan.zhihu.com/p/613628942.

[42] 殷亮,刘道平.自然分层水蓄冷技术[J].暖通空调,1997(1):50-53.

[43] 潘帅琪,魏繁荣,林湘宁,等.光伏建筑一体化社区热电联供调度策略[J].电力系统保护与控制,2022,50(4):24-35.

[44] 孙士峘,汪致洵,林湘宁,等.含热电联供型光热电站与建筑相变储能的离网型综合能源系统[J].中国电机工程学报,2019,39(20):12.

[45] 魏繁荣,林湘宁,陈乐,等.基于建筑相变材料储能的微网综合能源消纳系统[J].中国电机工程学报,2018,38(3):792-804.

[46] 王硕.含分布式电源的中低压直流配电系统及其控制策略研究[D].哈尔滨:哈尔滨理工大学,2021.

[47] 关明倩.被动式住宅推广策略研究[D].北京:北方工业大学,2023.

[48] 赵璐绮,林尧林,黄兴华.中国被动式建筑围护结构研究进展综述[J].四川建筑科学研究,2021,47(3):85-91.

[49] 彭梦月.被动式低能耗建筑气密性措施及检测方法与工程案例[J].建设科技,2015(15):39-41.

[50] 王立学,王翮,高小玉,等.被动房无热桥设计研究[J].建筑技术,2021,52(03):365-368.

[51] 张文.新风热回收系统气候适用性及性能优化研究[D].北京:北京建筑大学,2023.

[52] 马伊硕,郝生鑫,曹恒瑞.中国被动式低能耗建筑的发展模式和发展趋势[J].建设科技,2020,(19):8-12+28.

[53] 国务院.国务院关于印发2030年前碳达峰行动方案的通知[EB/OL].[2021-10-26].http://www.gov.cn/zhengce/content/2021-10/26/content_5644984.htm.

[54] 澎湃新闻·澎湃号·政务.一周岁了!解码全球首个运行的"光储直柔"建筑[EB/OL].[2022-05-25].https://www.thepaper.cn/newsDetail_forward_18264145.

[55] 江亿.柔性直流用电:建筑用能的未来[N].中国科学报,2020.

[56] 中华人民共和国住房和城乡建设部.建筑节能与可再生能源利用通用规

范:GB 55015—2021[S].北京:中国建筑工业出版社,2021.

[57] 中华人民共和国住房和城乡建设部."十四五"住房和城乡建设科技发展规划[EB/OL].[2022-3-1].http://www.gov.cn/zhengce/zhengceku/2022-03/12/content_5678693.htm.

[58] 中华人民共和国国家发展和改革委员会."十四五"可再生能源发展规划[EB/OL].[2022-6-1].https://www.ndrc.gov.cn/xwdt/tzgg/202206/t20220601_1326720.html? code=&state=123.

[59] 李叶茂,李雨桐,郝斌,等.低碳发展背景下的建筑"光储直柔"配用电系统关键技术分析[J].供用电,2021,38(1):32-38.

[60] 段小泉.装配式建筑综合效益分析及研究——以青岛某项目为例[D].青岛:青岛理工大学,2020.

[61] 钱征.低碳建筑全生命周期的成本效益研究[D].沈阳:沈阳建筑大学,2015.

[62] 文道源,高伟俊.日本光伏建筑的发展与应用[J].建筑学报,2019(S2):24-28.

[63] AGRAWAL B,TIWARI G N. Life cycle cost assessment of building integrated photovoltaic thermal (BIPVT) systems[J]. Energy and Buildings,2010,42(9):1472-1481.

[64] PANTIC S,CANDANEDO L,ATHIENITIS A K. Modeling of energy performance of a house with three configurations of building-integrated photovoltaic/thermal systems[J]. Energy and Buildings,2010,42(10):1779-1789.

[65] MATURI L,LOLLINI R,MOSER D,et al. Experimental investigation of a low cost passive strategy to improve the performance of building integrated photovoltaic system[J]. Solar Energy,2015,111:288-296.

[66] TIAN W,WANG Y,REN J,et al. Effect of urban climate on building integrated photovoltaics performance[J]. Energy Conversion and Management. Manage,2007,48(1):1-8.

[67] CANDANEDO L M,ATHIENITIS A K,CANDANEDO J A,et al. Transient and steady state models for open loop air based BIPV/T systems[J]. ASHRAE Transactions,2010,116:13.

[68] 上海市低碳协会."光储直柔"在山东青岛先行试点得以探索并突破[EB/OL].[2021-03-18].http://www.douban.com/note/797243697/? _i=1243604MHGLs3e.

［69］ 李宁波,方平,解世强.一个村庄的"碳中和"探索[N].山西日报,2021.

［70］ 董晓峰.区域综合能源系统协调规划及优化运行方法研究[D].北京:华北电力大学(北京),2020.

［71］ LU T,WANG Z,AI Q,et al. Interactive model for energy management of clustered microgrids［J］. IEEE Transactions on Industry Applications,2017,53(3):1739-1750.

［72］ LIU T,TAN X,SUN B,et al. Energy management of cooperative microgrids:a distributed optimization approach［J］. International Journal of Electrical Power and Energy Systems,2018:335-346.

［73］ WANG H,HUANG J. Incentivizing energy trading for interconnected microgrids［J］. IEEE Transactions on Smart Grid,2016,9(4):2647-2657.

［74］ 陈艳波,武超,焦洋,等.考虑需求响应与储能寿命模型的火储协调优化运行策略[J].电力自动化设备,2022,42(2):16-24.

［75］ 汪致洵,林湘宁,丁苏阳,等.适应于海岛独立微网的交直流混合风力发电系统及其优化调度策略[J].中国电机工程学报,2018,38(16):4692-4704+4974.

［76］ 黄弦超.计及可控负荷的独立微网分布式电源容量优化[J].中国电机工程学报,2018,38(7):1962-1970+2211.

［77］ 叶林,陈政,赵永宁,等.基于遗传算法——模糊径向基神经网络的光伏发电功率预测模型[J].电力系统自动化,2015,39(16):16-22.

［78］ 陈振宇,刘金波,李晨,等.基于 LSTM 与 XGBoost 组合模型的超短期电力负荷预测[J].电网技术,2020,44(2):614-620.

［79］ 陆继翔,张琪培,杨志宏,等.基于 CNN-LSTM 混合神经网络模型的短期负荷预测方法[J].电力系统自动化,2019,43(08):131-137.

［80］ 肖白,梁雪峰,姜卓,等.空间负荷预测中确定元胞负荷合理最大值方法[J].电力系统自动化,2020,44(6):194-201.

［81］ 胡玉可,夏维,胡笑旋,等.基于循环神经网络的船舶航迹预测[J].系统工程与电子技术,2020,42(4):871-877.

［82］ 吴倩红,高军,侯广松,等.实现影响因素多源异构融合的短期负荷预测支持向量机算法[J].电力系统自动化,2016,40(15):67-72+92.

［83］ TANG D,LI C,JI X,et al. Power Loead Forecasting Using a Refined LSTM［C］//In Proceeding of 2019 International Conference on Machines Learning and Computing (ICMLC 2019),Zhuhai,China:

ACM,2019:104-108.

[84] 郭力,刘文建,焦冰琦,等.独立微网系统的多目标优化规划设计方法[J].中国电机工程学报,2014,34(4):524-536.

[85] 陈健,王成山,赵波,等.考虑储能系统特性的独立微电网系统经济运行优化[J].电力系统自动化,2012,36(20):25-31.

[86] 陈健,赵波,王成山,等.不同自平衡能力并网型微电网优化配置分析[J].电力系统自动化,2014,38(21):1-6.

[87] 李珂,邰能灵,张沈习,等.考虑相关性的分布式电源多目标规划方法[J].电力系统自动化,2017,41(9):51-57.

[88] 张有兵,任帅杰,杨晓东,等.考虑价格型需求响应的独立型微电网优化配置[J].电力自动化设备,2017,37(7):55-62.

[89] 刘梦璇,王成山,郭力,等.基于多目标的独立微电网优化设计方法[J].电力系统自动化,2012,36(17):34-39.

[90] 田崇翼,张承慧,李珂,等.含压缩空气储能的微网复合储能技术及其成本分析[J].电力系统自动化,2015,39(10):36-41.

[91] 李建林,郭斌琪,牛萌,等.风光储系统储能容量优化配置策略[J].电工技术学报,2018,33(6):1189-1196.

[92] 茆美琴,丁勇,王杨洋,等.微网——未来能源互联网系统中的"有机细胞"[J].电力系统自动化,2017,41(19):1-11.

[93] ALSAIDAN I,KHODAEI A,GAO W. A comprehensive battery energy storage optimal sizing model for microgrid applications [J]. IEEE Transactions on Power Systems,2017,33(4):3968-3980.

[94] 中华人民共和国国家发展和改革委员会.国家发改委 国家能源局关于印发电力体制改革配套文件的通知[EB/OL].[2015-11-30]. https://www.ndrc.gov.cn/fzggw/jgsj/tgs/sjdt/201511/t20151130_1021524.html? code=&state=123.

[95] 李勇军.基于 DEA 理论的固定成本分摊方法研究[D].合肥:中国科学技术大学,2008.

[96] 李驰宇,高红均,刘友波,等.多园区微网优化共享运行策略[J].电力自动化设备,2020,40(3):29-36.

[97] LIN K J,WU J Y,LIU D. Economic efficiency analysis of micro energy grid considering time-of-use gas pricing[J]. IEEE Access,2020,8:3016-3028.

[98] MA T F,WU J Y,HAO L L,et al. A real-time pricing scheme for

energy management in integrated energy systems: A stackelberg game approach[J]. Energies,2018,11:2858.

[99] LIN K J, WU J Y, LIU D, et al. energy management of combined cooling,heating and power micro energy grid based on leader-follower game theory[J]. Energies,2018,11:647.

[100] TUSHAR W,ZHANG J A,SMITH D B,et al. Prioritizing consumers in smart grid:A game theoretic approach[J]. IEEE Transactions on Smart Grid,2014,5(3):1429-1438.

[101] 袁智强,侯志俭,宋依群,等.考虑输电约束古诺模型的均衡分析[J].中国电机工程学报,2004,24(6):77-83.

[102] VALENZUELA J, MAZUMDAR M. A probability model for the electricity price duration curve under an oligopoly market[J]. IEEE Transactions on Power Systems,2005,20(3):1250-1256.

[103] 博弈论的贡献与缺陷[EB/OL]. https://wenku.baidu.com/view/80df3c93daef5ef7ba0d3c29.html.

[104] 方学良,程航,单金良,等.城市内电动汽车充电桩的选址研究[J].内燃机与配件,2019(2):169-171.

[105] WANG H,QI H,ZHANG C,et al. A novel approach for the layout of electric vehicle charging station [C]//The 2010 International Conference on Apperceiving Computing and Intelligence Analysis. IEEE,2010.

[106] ANDREWS M, MK DOGRU, HOBBY J D, et al. Modeling and optimization for electric vehicle charging infrastructure. [EB/OL]. [2020-02-16]. http://www.pomsmeetings.org/confpapers/043/043-0554.pdf.

[107] MAK H Y, RONG Y, SHEN Z. Infrastructure planning for electric vehicles with battery swapping[J]. Management Science,2013,59(7):1557-1575.

[108] 宫娅宁,秦红.基于电动汽车充电需求的充电站选址定容研究[J].通信电源技术,2017,34(3):58-62.

[109] 张涛.面向柔性用能的光储直柔建筑探索[J].可持续发展经济导刊,2022(4):40-41.

[110] 余贻鑫.智能电网基本理念与关键技术[M].北京:科学出版社,2019.

[111] 赵晓东,王娟,周伏秋,等.构建新型电力系统亟待全面推行电力需求响

应——基于 11 省市电力需求响应实践的调研[J].宏观经济管理,2022 (6):52-60＋73.

[112] 王枫,周斌,张辉."双碳"背景下源网荷储协调互动助力新型电力系统建设[J].中国资源综合利用,2022,40(5):188-191＋201.

[113] 陈宝林.最优化理论与算法[M].北京:清华大学出版社,2005.

[114] 杨欣欣.最优化理论研究发展、现状及其展望[J].经济研究导刊,2022 (5):150-152.

[115] DENIS S,IGOR V,DONG Z. Editorial of special issue "mathematical optimization theory, operations research and applications" [J]. International Journal of Artificial Intelligence,2021,19(2).

[116] 顾伟,陆帅,王珺,等.多区域综合能源系统热网建模及系统运行优化 [J].中国电机工程学报,2017,37(5):1305-1316.

[117] 马文浩,张倩,丁津津,等.基于 OPNET 的智能变电站网络性能优化建模与仿真分析[J].智慧电力,2020,48(11):29-33＋67.

[118] 王波.互补储能系统的优化建模与控制策略[J].电力与能源,2016,37 (4):465-470.

[119] 魏来.基于柔性负荷协调的多能源微网优化调度研究[D].沈阳:沈阳工业大学,2021.

[120] 黄超强.公共建筑光伏发电系统设计要点及应用分析[J].科技与创新, 2022(11):83-86.

[121] 宋媛,牛菲菲,韦古强,等.高性能集成房屋及光伏建筑一体化融合技术的应用要点[J].建筑技术,2022,53(5):518-520.

[122] 张雪菲,孙阔,张章,等.考虑源荷不确定性与碳减排的复合储能系统优化配置模型[J].电测与仪表,2022,59(5):42-49.

[123] 宁艳花,蔡知寰,肖贵桥.储能系统的发展及应用[C]//江西省电机工程学会.2021 年江西省电机工程学会年会论文集.2022.

[124] 冯菲玥,迟长春.基于荷电状态改进下垂控制的直流微网储能系统[J]. 上海电机学院学报,2021,24(6):325-331.

[125] 李莹.基于光伏—混合储能的直流微网运行控制研究[D].济南:山东大学,2015.

[126] 高垚.面向分布式光伏消纳的 P2P 交易策略研究[D].大连:大连理工大学,2021.

[127] 吴沿沿.商业银行经营效率及影响因素分析——基于 11 家国内商业银行的 DEA 和面板实证分析[D].上海:华东师范大学,2012.

［128］ 邓雪,李家铭,曾浩健,等.层次分析法权重计算方法分析及其应用研究
［J］.数学的实践与认识,2012,42(7):93-100.

［129］ 郭金玉,张忠彬,孙庆云.层次分析法的研究与应用[J].中国安全科学
学报,2008(5):148-153.

［130］ 刘畅.经颅磁刺激系统优化理论及方法研究［D］.武汉:华中科技大
学,2021.

［131］ MATLAB,Mathworks［EB/OL］.https://ww2.mathworks.cn/
products/matlab.html.

［132］ CPLEX Optimizer-IBM［EB/OL］.https://www.ibm.com/cn-zh/
analytics/cplex-optimizer.

［133］ YALMIP[EB/OL].https://yalmip.github.io/.

［134］ 闫云飞,张智恩,张力,等.太阳能利用技术及其应用[J].太阳能学报,
2012,33(S1):47-56.

［135］ 徐伟,宋亚丽.基于模糊层次分析法的光伏建筑综合效益评价[J].太阳
能学报,2018,39(2):544-549.

［136］ 赵斌,胡名科,敖显泽,等.太阳能光伏发电——辐射制冷建筑一体化复
合装置的性能分析[J].太阳能学报,2019,40(5):1267-1275.

［137］ 魏繁荣,林湘宁,陈乐,等.基于建筑相变材料储能的微网综合能源消纳
系统[J].中国电机工程学报,2018,38(3):792-804.

［138］ 王彦哲,周胜,姚子麟,等.中国煤电生命周期二氧化碳和大气污染物排
放相互影响建模分析[J].中国电力,2021,54(8):128-135.

［139］ 李月寒,胡静,刘佳.面向碳交易的上海市建筑运营维护阶段碳排放基
准线研究[J].环境与可持续发展,2019,44(3):132-136.

［140］ 孙颖.我国城镇公共建筑碳排放配额分配研究［D］.北京:北京交通大
学,2020.

［141］ 钱征,赵森浩,郭晓怡.基于全寿命周期理论的低碳建筑成本控制研究
［J］.辽宁经济,2014,(6):44-45.

［142］ 国家环境保护总局.排污申报登记实用手册[M].北京:中国环境科学
出版社,2004:559-560.

［143］ 路小娟,孙凯,高云波.PV/PTST-CCHP系统的运行策略分析和优化
配置[J].太阳能学报,2021,42(12):1-8.

［144］ 天合光能光伏[EB/OL].https://www.trinasolar.com/cn/product.

［145］ 隆基隆锦光伏幕墙[EB/OL].https://www.longi.com/cn/products/
bipv/bright/.

[146] Powerwall 特斯拉[EB/OL]. https：//www. tesla. cn/powerwall.

[147] 远景能源智慧储能[EB/OL]. https：//www. envision-group. com/cn/smartstorage. html.

[148] 2021 年 1—8 月广东省发电量及发电结构统计分析[EB/OL]. https：//www. huaon. com/channel/distdata/751537. html.

[149] ZHOU Y，WU J Z，LONG C，et al. State-of-the-art analysis and perspectives for peer-to-peer energy trading[J]. Engineering 2020，6：739-753.

[150] NGUYEN S，PENG W，SOKOLOWSKI P，et al. Optimizing rooftop photovoltaic distributed generation with battery storage for peer-to-peer energy trading[J]. Applied Energy，2018，228：2567-2580.

[151] LONG C，WU J Z，ZHANG C H，et al. Feasibility of peer-to-peer energy trading in low voltage electrical distribution networks[J]. Energy Procedia，2017，105：2227-2232.

[152] HOU W G，GUO L，NING Z. Local electricity storage for blockchain-based energy trading in industrial internet of things[J]. IEEE Trans. Ind. Inf. ，2019，15：3610-3619.

[153] ZEPTER J M，LÜTH A，DEL GRANADO P C，et al. Prosumer integration in wholesale electricity markets：Synergies of peer-to-peer trade and residential storage[J]. Energy and Buildings，2019，184：163-176.

[154] ALAM M，ST-HILAIRE M，KUNZ T. Peer-to-peer energy trading among smart homes[J]. Applied Energy，2019，238：1434-1443.

[155] GUERRERO J，CHAPMAN A C，VERBIC G. Decentralized P2P energy trading under network constraints in a low-voltage network [J]. IEEE Trans actions on. Smart Grid，2019，10：5163-5173.

[156] ESTEBAN A S，LISA B B，EBISA W，et al. Peer-to-peer energy trading：a review of the literature [J]. Applied Energy，2021，283：116268.

[157] HECTOR K L，ALI Z. Peer-to-peer energy trading for photo-voltaic prosumers[J]. Energy，2023，263：125563.

[158] ZHANG C H，WU J Z，ZHOU Y，et al. Peer-to-peer energy trading in a microgrid[J]. Applied Energy，2018，220：1-12.

[159] 高赐威，张亮. 电动汽车充电对电网影响的综述[J]. 电网技术，2011，35(2)：5.

［160］ 徐智威,胡泽春,宋永华,等.基于动态分时电价的电动汽车充电站有序充电策略[J].中国电机工程学报,2014,34(22):9.

［161］ BHEEMA T L,JUNE T H M. A framework for electric vehicle(EV) Charging in Singapore[J]. Energy Procedia,2017,143:15-20.

［162］ MICHAEL B,PRATEEK M,SIVASATHYA B. Incorporating residential smart electric vehicle charging in home energy management systems［C］//2021 IEEE Green Technologies Conference (Green Tech). New York:IEEE,2021.

［163］ SAYALI A J,SANJAY K S,PUSHPENDRA S. Control strategies for electric vehicle charging station:A review[C]//2021 2nd International Conference for Emerging Technology (INCET). New York: IEEE,2021.

［164］ MUHAMMAD A S,MOHAMMAD M Z,ADAM T. Public transport accessibility: A literature review ［J］. Periodica Polytechnica Transportation Engineering,2019.

［165］ ALBACETE X, OLARU D, PAÜL V, et al. Measuring the accessibility of public transport:A critical comparison between methods in Helsinki[J]. Applied Spatial Analysis and Policy,2017,10: 161-188.

［166］ 陈洁琳,普拉迪普·阿尔瓦,鲁迪·斯杜夫斯,等.敏捷自动化建模——一种用于城市规划自动设计和生成的新型地理计算方法[J].新建筑, 2021(2):16-23.

［167］ OLSZEWSKI P,WIBOWO S S. Using equivalent walking distance to assess pedestrian accessibility to transit stations in singapore[J]. Transportation Research Record,2005,1927:38-45.

［168］ SCHIRMER P M, VAN EGGERMOND M A B,AXHAUSEN K W. The role of location in residential location choice models:a review of literature[J]. Journal of Transport and Land Use,2014,7:3-21.

［169］ HUFF D L. Defining and estimating a trade area［J］. Journal of Marketing,1964,28:34-38.

［170］ 王艳东,豆明宣,刘森保,等.基于社交媒体的商业区选址研究[J].地理空间信息,2018,16(6):8-10＋20＋7.

［171］ 瑞科新能源[EB/OL]. http://www.rksolar.com.cn/en/.

［172］ 南京国臣直流配电科技有限公司.东方电气办公楼光储直柔系统[R].

南京,2022.

[173] 吴志强,王坚,李德仁,等.智慧城市热潮下的"冷"思考学术笔谈[J].城市规划学刊,2022,1(2):1-11.

[174] 世界五大中央商务区都是"顶级"CBD,有一处位于中国,你知道是哪吗[EB/OL].[2019-10-12]. https://page. om. qq. com/page/O5ZPrVmUKUYHPCUl4w0u658w0.

[175] 龙惟定,潘毅群,张改景,等.碳中和城区的建筑综合能源规划[J].建筑节能(中英文),2021,49(8):25-36.

[176] 夏才清,赵永生,李玲娣.21世纪长江流域能源发展战略[J].人民长江,2000(1):7-9.

[177] 侯恩哲.光储直柔,行走未来——访深圳未来大厦直流配电技术应用项目团队负责人郝斌[J].建筑节能(中英文),2021,49(2):7-14.

[178] 刘章,张仲华,齐贺,等.直流柔性照明在建筑中的应用研究[J].建筑节能(中英文),2022,50(11):53-57.